青少年心理品质丛书

主编：夏阳

打开你心中的窗

张俊红◎编著

新疆美术摄影出版社
新疆电子音像出版社

图书在版编目(CIP)数据

打开你心中的窗 / 张俊红编著. -- 乌鲁木齐 : 新疆美术摄影
出版社:新疆电子音像出版社, 2013.4
ISBN 978-7-5469-3886-8

Ⅰ.①打… Ⅱ.①张… Ⅲ.①人生哲学 – 青年读物②
人生哲学 – 少年读物 Ⅳ.①B821-49

中国版本图书馆 CIP 数据核字(2013)第 071375 号

打开你心中的窗　　主　编　夏　阳

编　　著	张俊红
责任编辑	吴晓霞
责任校对	李　瑞
制　　作	乌鲁木齐标杆集印务有限公司
出版发行	新疆美术摄影出版社
	新疆电子音像出版社
地　　址	乌鲁木齐市经济技术开发区科技园路 7 号
邮　　编	830011
印　　刷	北京新华印刷有限公司
开　　本	787 mm×1 092 mm　　1/16
印　　张	12.5
字　　数	180 千字
版　　次	2013 年 7 月第 1 版
印　　次	2013 年 7 月第 1 次印刷
书　　号	ISBN 978-7-5469-3886-8
定　　价	45.80 元

本社出版物均在淘宝网店:新疆旅游书店(http://xjdzyx.taobao.
com)有售,欢迎广大读者通过网上书店购买。

目录

打
开
你
心
中
的
窗

目
录

第一章　生活其实很美好

正确的人生观

我曾经读过不少谈论创造生活的书，其中不乏指导我们朝哪些方面努力？怎么做或做什么的书？

你看过这本书以后，你也许会问自己："这本书写作的意义何在？作者为什么不直接告诉我们该怎样做，以及做些什么？"别着急，我马上告诉你。这本书的要点不在职业方面，而在每个人的思想意识里。

假如这本书能帮助你解决一些问题，它的优点就在它不是泛泛而谈，而是专注于一个对你而言是非常重要的处所——你的心灵和它的思考与想象的作用。

如果想过有创造性的生活，你必须让你自己快乐。快乐来源于自信，因此保持自信十分重要，只有通过自信，才能体验快乐的感觉。

运用这本书提供的观念，你可以为将来作好充分准备。每一个正常人都应该有为将来作准备的想法，并且还要付诸行动，去获取属于自己的快乐。虽然这些观念无影无形，而且抽象，却可以为你提供无限的创造力。

你可以从增强自我心像角度，从自己意气风发时刻，从鼓舞性的成功本能等各个方面，去创造属于自己的幸福。

但可惜的是，不少人都觉得幸福是可望而不可即的事情。他们没有想过他们可以获得幸福，只会用一些自欺欺人的话，为他们的不幸做一些废话式的辩驳。

他们无法正视现实，无法面对给他们带来不幸的现实生活，他们只会把那些不幸拿来搪塞一切痛苦，为得不到幸福寻找借口。

他们一直都不知道，其实命运的无情在任何一个人面前都是一样的。每一个人都曾有过痛苦，每一个人也都曾有过不幸。表面上看成功的人是快乐的，但其实他们承受着更多的痛苦，他们都有难言之隐。

有一个幼时曾得过严重猩红热的人，少年时期就听不清外面的声音。6岁时，他在他父亲的农庄上惹了一场火灾，差点把他们那个小镇烧了，所幸人们及时把火扑灭了。他的父亲以儆效尤，当众把他鞭打了一顿。他家很穷，所以才12岁就出去工作了。他不但又惹了一次火灾，而且几次因为不愿受管教被开除。一个人在纽约的时候，他在极端贫困的日子每餐只以五分钱的饮食（苹果馅面包和咖啡）果腹。后来，他成为历史上最有影响力的人物之一。他是谁？我不妨给你一个提示——他是美国著名的发明家。他一生只受过3个月的正规教育。

没错——他就是爱迪生。

从1869—1910年之间，他发明了一千余种影响人类生活的东西。我们没有理由怀疑爱迪生的想象力,他的想象力简直可以用神奇来形容。他还抚养着六个孩子,他经历了很多不幸,但是他都挺过来了,他永远不停地去过充实的生活,把所有的创造力都发挥了出来。这就是在工作之中发现许多乐趣的人。

爱迪生是一个罕见的发明天才,现代文明的伟大创造者。75岁时,有人问起他的人生观,他说他非常热爱工作,利用自然而为人类谋求幸福。他说他虽然年纪比较大了,但仍有一大堆发明工作还等着他去做,如果上帝允许的话,他还可以忙上100年。

80多岁时,他仍在实验着由工业家梦里司东所启示的橡胶工业。84岁时,他遭遇了一场差点要了他的命的大病,大病初愈后,他又恢复了他的工作,直至辞别人世那一刻。

时间公平地检验着世界上的一切,当别人的荣誉和名声逐渐衰退时,爱迪生的声价如日中天——他的伟大远远不止于此。

爱迪生拥有足够的自信,使他能够克服艰难险阻,最终获得成功。但是,以幼年不幸为借口,终生否定创造的满足以及其他一切人生乐趣的人,是不是有很多呢?自始至终坚持不懈,直至成功的人,是不是少之又少呢?

学会自我放松

　　有一位朋友曾经对我说过这样的话："我很喜欢我的工作，我挚爱着我的家人，我的生活过得自由自在，一回到家，我就很快可以放松下来。我觉得我是幸运的。但当我开着车子匆匆忙忙上班时，一种紧张感会马上向我袭来，往往在很长一段时间这种紧张的感觉才能消失。"

　　我很快反应过来。"不要勉强自己，更不要为难自己。"我对他说："你试试通过其他交通方式上班。既然你开车会产生紧张的情绪，那么开车对你没有一点好处。你可以选择乘坐其他交通工具去上班。"

　　他采纳了我的主意后，果然产生了好的效果，他的生活质量得到了提高。

　　你千万不要误认为我的意思是说开车不好——开车虽然会令某些人感到紧张，但也会令某些人感到轻松——我的意思是，千万不要勉强自己做做不到的事。

　　有许多人因为以为别人期望他们做，才强迫自己做一些力

5

不从心的事情。现在几乎每个人都有自己的车子,因此我的一位事业有成的朋友也觉得他必须开车——事实上他对开车并无多少兴趣。

既想轻松,又想逼迫自己的做法是有悖于常理的,那根本就无法实现。尽管生活中某些事情你必须要做,但面对你不必去做的事情却并未自由的选择过。一个有正常思维的人,有权利选择适合自己的生活道路。

可惜的是,人们往往是自己最大的敌人。许多人比一个刻薄的老板更严厉地逼迫自己,还不断地为难、强迫自己。他们可能为此找出种种借口,说他们的目的是为了想赚更多的钱,或是想要让自己活得更好,其实他们只是在自欺欺人。他们也常常实现不了所渴望达到的人生目标与理想,也扭曲了他们的灵魂。

只有时刻注意,有自知之明,才能保持一个轻松的心情,才能清醒地明白如何有效地开展工作。如果你工作的责任非常重大,你也一定要注意找一个恰当的时机卸下这些责任,偷空放松一下。

你需要明白,你只是一个人,不是整个组织,也不是一整支部队,你的能力不是无限的。不要妄想凭自己的力量就可以从事某些你根本做不了的工作。

但现实中,可能受环境因素的影响,人们会去做一些超出能力范围的工作,结果既非常紧张又充满怨恨。这时最好找一个出气筒,让怒气发泄到工作以外的地方。因为把怒气隐藏在内心会影响身心健康,使你无法轻松地去生活。

学会通过休息彻底地放松自己。睡眠是休息的最佳方式,睡觉时,我们要忘掉所有的问题,忘掉曾经跟我们为难的人,忘掉我们自己所有的缺点。

通过休息,我们可以很好地放松自己,解脱自己,从而养精蓄锐,使我们能够应付纷繁复杂的生活。

第一章 生活其实很美好

学会坚强

当你参加一个会议时,你一直保持沉默,从不发言。当你看着镜子里自己的脸庞时,你为自己的长相感到难过。当你反思自己的一生时,你对所犯过的错误耿耿于怀,不能原谅。

你告诉自己说你很懦弱,并因此而一蹶不振。事实上每一个人都可能很懦弱,这不算得什么大事情。

17世纪的英国著名诗人爱德蒙·渥勒曾经说过:"只有善于从懦弱中学习坚强才是智者的行为。"他说得非常正确。

人类不是万能的,人类也不是神,更不是精密机器。我们以及我们的上一辈甚至更上一辈都是普普通通的作为个体存在的人。错误产生了我们,我们也是错误的创造者。

人作为一个复杂的个体,人性必然有懦弱的一面,但是懦弱并没有任何不对,也不可怕。你应该学会接受它,并从懦弱中学习坚强。

如果你因为自己的弱点而自怨自艾,那么所有问题都将因此开始。自怨自艾会从内部将你毁灭,在你尚未起步之前就将你打败。

假如你拥有一辆汽车，它以50里的速度平稳地运行了350里，你感到满意吗？你是否期望它离地而飞起来？

如果你豢养一只狗，你会不会因为它的可爱而感到高兴？你会不会因为它不能跟你交谈而对它恼羞成怒呢？

千万要记住，你的忍耐和承受能力越强，你越能从容不迫地面对文明生活中无论多大的压力。

不少人都听过这么一个故事，精神病院的病人自认他们是拿破仑，病人无法接受过去生活中的错误与失败，他们悲哀地生活在一个精神虚幻的世界中，他们都把自己看成了显赫的大人物。也许正因为他们以前曾经对自己抱有过高的期望，才失去了真实的自我，也失去了他们和世界真实关系的纽带。

如果你是一名棒球爱好者，你肯定会经常遇见这类事情，著名大球队经常以高薪和名球员签约，结果却造成这些球员的失败。这其中可能就有他们受不了别人对他们的重大期望所造成的沉重压力的原因。相反，一些未成名的球员却从小队员默默奋发向上，顽强拼搏，最后终于成为大球队的明星球员。

要想扎实、安全地干一番事业，你首先要把目标定的高些，只有志存高远，才能有尽力向上发展的空间。但在实际中，一定要记住从一点一滴做起，先把基础做扎实，这样即使出现失败，也不足为奇，那只是你胜利途中的小插曲，对你不会造成什么大的影响。

第一章　生活其实很美好

幸福生活的诀窍

在这个繁忙、喧闹的世界中,怎样才能幸福地生活?怎样才能找到幸福生活的诀窍?

其实很简单。想要过快乐的生活,只要你拥有完整、足够的自我心像,拥有充分的自信,能够完完全全地展现你自己,能够从内心里感受到外界的微妙变化,就可以了。当你的自我心像完整而充分时,你的感觉将会非常美好,你将感到自己信心十足。你散发出生命的气息,并积极创造生活——从生活中获得快乐。当你看到舞台上演出本书所揭示的一些概念时,回到现实中,不妨拿出一面镜子,仔细地审视镜中的自己,要好好地用心看,不要拒绝镜子中的你。难道你没有听到有人说:"我要看自己表演吗?"

你是不是只看到一个五官俱全,四肢发达的人?难道你就为了看这些吗?当然不是,你必须看到这些肉体特征的后面——看看你内心隐藏得非常隐秘的那个陌生人,而这些你在镜子里根本看不到。

这就是你的自我心像。

如果自我心像和你是对立的,那你就很难驾驭你自己。在这种自我心像的影响下,你只会比以前更落寞。

如果自我心像和你是统一的,它将帮助你树立起生活的信心,使你的勇气增长。

在实际生活的舞台上,就像在剧院里,我们将演出一些戏剧,你是这出戏的主角,你的自我心像才能成为你的朋友。"但是,"你也许会对我这么说,"我的五官长得非常端正,也没有伤疤。我还需要阅读本书吗?"

当然需要了。在世界总人口当中,只有1%不到的人脸上或多或少有缺陷;99%以上的人脸孔都很正常。但是这99%的人当中,有不少人内心都有伤痕——自我心像有一定程度的损坏。

尽管如此,只要有意识地去改善你的自我心像,逐渐地变化你的自我心像,你会生活得很美好的。

要想改善你的自我心像,你需要学会应用你的精神力量。只要你能充分地利用你的精神,你就能有所改变,这些改变能够影响你的生活。但是你必须竭尽全力,跨出你脑中的舞台,去展现真正的你。有时你可能会忘了台词,或是念错了台词——但不要过分担心,也不要过分责备你自己。

正确地改变自己很重要。英国著名作家赫胥黎曾经写道:"在宇宙中只有一个角落,你一定能够加以改进的——那就是你自己。"

11

快乐生活的规则

　　如果你想让自己的生活更加多彩多姿,快乐幸福,记住下面这些规则,对你肯定会有很大的帮助。

　　1.形成快乐的习惯。学会在潜意识中体验快乐的感觉,体验放松、微笑的滋味。在实际行动中,努力创造自己成功的机会,充满信心地迎接每一天的到来。要坚信乌云遮不住太阳,狂风暴雨、电闪雷鸣都是暂时的,晴空万里,一片蔚蓝才是天空的本色。

　　2.抵制消极思想苗头。不要为不存在的事情忧虑和担心。只要消极思想苗头侵入脑中,就马上展开斗争。要经常扪心自问,为什么拥有自然快乐权利的你,却经常被焦虑、憎恨骚扰。要反思自己,提醒自己向所有的邪恶思想宣战,直至将它们彻底打败。

　　3.学会赞赏自己,给自己营造一个易于取得成功的空间,使自己的自我心像强化。多回忆你以前的快乐时光和辉煌的时刻,充分地认识你自己,让自己充满自信。

　　4.经常敞开心怀大笑一番。成年人有时候也会微笑或发笑,

12

但真正能让自己开怀大笑的人很少。这里所说的是能给人轻松自在感觉的开怀大笑。真正的开怀大笑,可以洗涤一个人心中的杂念,它是成功本能的有机组成部分,只有拥有了它,成功才会更有把握。如果你已经成年都还没有开怀大笑过,那么,赶快在思想上回到自己的青少年时代,学会让自己敞开心怀大笑一番。

5.挖掘埋藏在内心深处的天赋。不要埋没了你内心深处潜藏的天赋,也许你不经意间发现了它,就能够改变你的一生。

6.助人为乐。助人为乐将是你生命中最有价值有意义的体验。你要相信你的人生价值,你必须清醒地认识到,许多看来似乎很不快乐或是充满敌意的人,实际上是他们对自己不够了解,对自己不够了解的结果致使他们不能了解别人。只要你向他们伸出援助之手,你很快就会为他们对你的感激、欣赏感到惊讶。许多外表看上去非常冷酷无情的人其实是最心软的人。一旦你一心只想着帮助他们,而又不求回报时,你的内心会被满足感包围。

7.参加使你感到快乐的运动。足球、篮球、滑冰、唱歌、跳舞、绘画……别人说不清你从事哪一项运动,但你必须做出明确选择。一定要记住,参与任何对你有益的运动,对你的生活都会带来好处。

第一章 生活其实很美好

用乐观积极的心态驱走忧愁和烦恼

在普兹茅斯女子学院求学的时候,爱蒂思·沃伊特小姐被同学们称为"一个蓬勃向上,充满自信的女孩子"。同学中,如果哪一位心情不愉快或者因思念父母陷于情绪低谷,或者在学习上遇到挫折而坐卧不安,就总是会想到她,希望从她那里得到一些安慰和鼓励,以求增加自信。爱蒂思小姐不断给她们鼓励和帮助,从来没有让同学们失望过。她那欢快的心境和充满活力的状态,就像和煦的阳光温暖着每一个人。

一个人只有保持充满活力的热情和奋发向上的精神,才有可能用更开放的理念去对待生活,才能在工作中找到更多的机会,这样即使在尝试别的职业时也不会感到有太大的困难。而且,新的职业往往会让你收获更大。从另外角度上讲,像春天阳光般温暖的性格,可以使自己更振奋、更积极,更充分地释放出身体里蕴含的能量,发掘自己巨大无比的潜能。同时,我们也会更能一语中的,切中要害。因此,奋发向上的精神状态能够让人生活快乐,身体健康。有人把它比作是不花钱的保健医生,这很正确。

在一个人的一生中,谋生的本领是立身之本,非常重要,但开朗的心境也不可缺少。尽可能追求多种多样的生活乐趣是有益于身心健康的好习惯,这将使你生活多姿多彩,学生在校读书时,重视语文和数学水平的提高很重要,但形成以笑脸迎接生活的心态也同样重要。我们需要注意培养并发展这方面的个性,时时注意保持斗志昂扬,心情愉快的状态。巧妙运用激励自己、鼓舞自己这一慰藉心灵的良药,使你的心灵更健康,使你的生活质量进一步提高,使你在应付工作与生活中出现的各种情况与问题时更从容不迫,得心应手。

如果一个人养成从积极向上的一面看待事物的习惯的话,他的思维与心境就可能发生不可思议的变化,甚至可使人完全用另一种眼光去看待生活,进而可以改变自己的整个生活。但是,这种思维习惯的形成过程繁缛而且复杂,是一个自然的发展过程。

年轻人歌唱幸福快乐的生活,尽情地享受生活带来的各种乐趣,即使是平淡的日子也会使他们感到无比的新奇与向往,这是正常现象。而压制、束缚年轻人这种追求欢笑的快乐的本能,应该是一种彻头彻尾的犯罪行为。如果一个小孩面孔不是天真灿烂,而是充满伤心的表情,那是非常悲哀的事情。天意不可违,生活自有其内在的规律。假如一个年轻人的脸上全是焦虑、担心,那么他绝对是在某一方面发生了问题。

泰勒神父向他的朋友巴特洛博士道别时,曾嘱咐他说:"开心地欢笑吧,但愿重逢时我仍能看见你的笑脸。"然而,许多人在生活中都没有重视笑的力量,并且丧失了笑的能力。他们日复一日,浑浑噩噩,心情十分糟糕地活在人世间。他们认为幽默感是无知、浅薄的表现,与艰难、忧伤的生活水火不容。他们会说生活是十分严肃的,需要认真对待。他们的确感到了人世间生活的艰难,但却被那艰难生活带来的压力弄得晕头转向。他们理解不了一些人以简单、轻松的心态面对生活的原因,更不明白为什么一些人会"浪费"自己的部分时间去"寻欢作乐"。他们甚至愤愤不平,牢骚满腹,仿佛全人类的幸福要由他们来掌握一样。

有着天生快乐性格的人不但活得最幸福,并且还会最长寿,对社会的贡献也肯定会最大。他们是最成功的群体。他们的幽默感,孜孜不倦的品质,追求生活快乐的天性,或许微不足道,算不上什么伟大的个性特征。但正是因为这些平凡的点滴才使他们的生活异彩纷呈。离开这些因素,生活就会单调枯燥乏味,弄得人疲惫不堪。这种不被人重视的品质,就像是机器上的润滑剂一样,可以降低摩擦力,让机器运转得更安全,更耐久。

莉迪亚·玛丽亚说过这样的话:"我总是尽一切力量从积极方面考虑问题。只要我在窗前挂上彩色吊灯满屋子就好像布满了彩虹。"这是一种正确的人生哲学和生活理念,是慰藉心灵的良药,是增强体质的滋补剂。

当你能够做到以平和的心态面对生活中积极的一面,以愉悦的心情享受生活的乐趣,其中的价值不可估量。睿智的人愿成为拥有这种精神财富的百万富翁,而不愿成为只拥有金钱的土财主。

不管你从事哪一种工作,都要尽可能体会其中的乐趣。才能可以通过后天学习获得，热爱生活和积极的心态同样都可以通过培养来形成。在实际生活中，你不具备高深的学问没关系，但是如果不具备这种心境，你肯定不是一个幸福的人。物质财富可以通过日积月累获得，精神快乐的财富同样可以积累。不论你的日子过得多么困窘，遭遇的处境多么恶劣，如果能够以开朗、积极的心态应对，就一定能够使生活摆脱枯燥乏味，压力就会减轻或消失，沉闷阴郁的心情也会活泼起来。在工作中，如果表情机械，不但自己压抑烦躁，感到无趣，别人也会因你而受到影响，心情郁闷起来。爽朗的笑声或开怀大笑，能够减轻生活中的焦虑、忧郁，消除现代快节奏生活带来的压力。生活中最惹人烦的肯定是痛苦不堪的人，他既没有幽默感，也欣赏不了别人的幽默。千金也难买到他的一笑，周围的人只好对他敬而远之。

开朗活泼的心境总是比呆板沉闷的要好，它可以使我们超脱于现实的复杂环境之外，不管在什么样的处境中，这种心态总会使我们解脱。

有人曾经对一位年龄很大的老人说："哦，你都过70岁了，已经到了垂暮之年。"这位老人却答道："不，我的身体和心态都很正常，感觉还很年轻。"

一天，在康涅狄格州的一家小商店里，有几个人在谈论自己在什么状态下情愿死去的话题。他们争论了很长时间，就要求一位叫萨克的谈谈自己的观点。他说："在人生的路途上，我会选择与人开开玩笑，以幽默轻松的心态走完一生。在临死时能纵声大笑。"曾有人请教一家报社的编辑主管，为什么他不喜欢聘用50岁以上的职员。他说原因并不是因为这些人不能胜任工作，而是

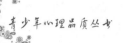

他们已在意自己的年龄了。

在德国历史上，曾经有一个国王颁布过不允许讲笑话的法令。国王的逻辑是纵乐会使国民忘记战争。如果今天还有不准人们发出笑声的法律存在，那么，满大街兴高采烈的笑脸就会被表情忧郁的苦脸取代。那么这个世界会变成什么样子呢？比如说当我们走进一个贫民窟看到的是孩子们一张张哭泣、伤心的小脸，而这些令人心痛的小脸蛋上，本应该是洋溢着勃勃生机和天真纯洁的笑容的啊！他们的生活似乎没有任何欢乐。如果这个世界被这样的场景充斥，那么，就意味着世界末日就要来临。

如果你细心观察一下商人的面孔，就一定会对他们那严肃的面容印象深刻。他们即使是在餐桌上也不会忘记思考工作中的问题，不会忘记生活中让人烦恼的琐事。他们一刻不停地在思考、在忧虑、在筹谋着一些事情。很显然这是万能的金钱导致的结果。

当然，持悲观主义的商人无形中会与一些新业务失之交臂，也会失去赚钱的机会，而乐观的商人则能把握这些机会。因为，乐观的情绪有着无法计算的推动力，为事业的发展带来帮助。

一个满怀希望的人看见的是成功的机会，而气馁沮丧的人看见的则是失败迹象；奋发向上的人总能沐浴到阳光的温暖，而失望的人经受的总是暴风雨和长夜的黑暗。

如果在孩子成长过程中，一直灌输给孩子这样的观点：生活应该是快乐幸福的，在任何条件下，都要乐观地面对一切。这样过不了多少年，人类社会的状况就可能会因此而发生根本性的改变。

许多人根本就没有想到要纵情欢笑，就是微笑一下也十分不易看到。当他们的孩子发出稍微喧闹的声音，他们就会喝令停止，更别说尽情地嬉戏玩闹了。孩子们天真纯洁的心灵在这样的氛围里长期受到压抑，久而久之也失去了放情大笑的本能。这实际上是毁掉了孩子的未来，断送了孩子美好的人生。

约翰逊博士告诫说："人们应该专门抽出一点时间去笑一笑。"在这方面喜剧和娱乐节目可以起到催化作用。投入到这类娱乐节目情节中去时，人们至少可以暂时忘却生活中那些令人心情不悦的琐事，在笑声中体会生活的快乐。

有缘与一位浑身充满蓬勃朝气、积极向上的人在一起共事，真是三生有幸的大事啊！在繁忙的生活和熙熙攘攘的人群中，我们总是能发现他们，他们很受欢迎。性情安详宁静的人，是这个世界上无价之宝，当人们遭遇不幸的时候，他总能给以慰藉，催人奋进。当我们与这样的人在一起时，就像增添了活力和动力一样。当我们遇到困难时，想到他们也就成为必然。他们散发出来的活力以及他们那充满温情的话语，能够把我们心灵的伤痛抚平。

对于一无所有穷困潦倒的人来说，仍然存在很多成功的机会。只要笑对人生，奉献出自己全部的善良和友好，对一个人的成功将会有很大的帮助。多发现每个人的优点，主动显示自己的爱心和友好，向往、憧憬幸福美好的生活，都是我们毕生追求的精神财富。不论在什么地方，灿烂的笑脸和友好的性情都会受到欢迎，这样的人离成功也就很近了。

比如阳光是世界上最不能缺少的东西之一一样。精神振奋、乐善好施也是人们最可珍贵的财富，它不但能够使拥有者生活快乐，同时也会使周围的人受益。

不论是谁，只要他与朝气蓬勃、积极向上的人结交，或者与他们友好相处，他就会受益匪浅。正如种子播种在土壤里一样，播种得越多，收获也就越多一样，一个活力四射的人拥有的越多，对其他人的影响也就越大。

只要在生活中保持积极乐观的心态，忧愁和烦恼就会远离你。

第二章　良好相处的基石

从赞美和欣赏开始

　　柯立芝总统在任的时候，我的一位朋友应邀于周末到白宫做客。当他踱入总统的私人办公室时，他听到柯立芝对他的一位女秘书说："你今天早上穿的衣服漂亮极了，你真是一位美貌迷人的青年女子。"

　　这可能是沉默寡言的柯立芝一生当中曾赏赐给一位秘书的最荣耀的称赞了。这事如此的出乎寻常，出乎预料之外，以至于那位女秘书面红耳赤，不知所措。然后，柯立芝说："不要难为情，也不要太高兴了。我说那话，只是为了让你觉得好过些。从现在起，我希望你对标点符号稍加注意些。"

　　他的方法似乎太明显了一点儿，但他所用的心理策略却很巧妙。在我们听到别人对我们优点的称赞以后，再去听令人不愉快的话，心中总会好受些。理发师在给人刮脸之前，先要在客人脸上涂肥皂，而麦金利在1896年竞选总统时，所采用的正是这种方法。

　　当时有一位著名的共和党要员，写了一篇演讲词，自认为比西西洛、亨利和范勃斯德等人合起来所写的还要高明。于是他非常高兴地把他这篇不朽的演讲词大声朗读给麦金利听。尽管这篇演讲词有很多优点，但在竞选场合并不合适，因为那将会引起一场批评的风波。但麦金利不愿伤这人的感情，他知道自己不能挫伤这人的高度热忱，但他又不得不说"不"。让我们来看看他是怎样巧妙地处理此事的。

"我的朋友，这是一篇极其精彩的演讲词，一篇极其伟大的演讲词。"麦金利说，"再也没有人能写得比这篇更好。它在许多场合都适用，不过对这次特殊的场合，是否十分合适呢？从你的立场来看，那是非常合理而切题的，但我必须从整体立场来考虑它的影响。现在，请你回家去，根据我所指示的要点重写一篇演讲词，并送给我一份。"

他那样照办了。麦金利又帮他做了修改，并帮他重新写了第二篇演讲词。后来，他成为竞选班子中一位最得力的演说员。

下面是林肯总统曾写过的一封信，也是他所有信件中第二著名的信。（他最著名的一封信，是写给比克斯贝夫人的，对她在战争中丧失了5个儿子表示哀悼。）这封信林肯大约只花了5分钟就写完了，但在1926年公开拍卖时，它卖到了12000美元——有必要一提的是，这比林肯辛苦工作50年的积蓄还要多。这封信是在1863年4月26日，也即内战最黑暗时期写的。接连18个月的工夫，林肯的将领率领的联军连遭惨败，到处都是无益的、愚蠢的相互残杀，全国上下人心惶惶。数千名兵士开小差逃走，甚至连参议院的共和党议员都犯乱，强迫林肯让出白宫。"我们现今处在生死存亡的边缘，"林肯说，"我看连上帝都在反对我们。我几乎看不到一丝希望的曙光。"就在这黑暗、忧愁、混乱的局势下,林肯写了这封信。我将这封信附在这里,因为它展示了林肯是如何改变一位哗闹作乱的将军的,而当时全国的成败命运必须依靠这将军的行动。这恐怕是林肯担任总统以后,所写的最严厉的一封信了,但你会看到他在指出这位将军的严重错误以前,先称赞了他。

是的,那些错误确实很严重,但林肯并没有这样指明。林肯非常审慎,而且很有外交手段。林肯写道:"对于有些事,我对你并不十分满意。"这是多么圆滑,多么机智!下面就是林肯写给胡克将军的信:

"我已经任命你为波多麦克军队的首长。当然,我之所以这样做,自然有我认为很充分的理由。不过我想,最好还是让你知道,对于有些事,我对你并不十分满意。我相信你是一位勇敢多谋的将军,那当然是我所喜欢的。我也相信你不会将政治与你的军职混淆起来,在这件事情上,你做得很不错。你对自己很有信心,这正是一种极有价值的,同时也是不可或缺的性格。

"你有雄心壮志,这在相当范围内是有益而无害的。但我认为,在柏恩赛将军统领军队时,你曾表现出你自己的个人野心,而竭力地阻挠他,你在这件事情上,对国家,以及对一位功勋卓著、享有盛誉的军官来说,都是极大的过错。

"我曾听说,并因为言之确凿而不得不相信,你最近曾说军队与政府都需要一位独裁者。当然,我并不是因为这个原因,而是我并不顾及这个原因,才授予你军队统率权的。只有赢得胜利的将领,才有可能成为独裁者。我现在对你所要求的,是军事上的胜利,所以不惜冒独裁的危险。政府将尽一切能力帮助你,正如以往及今后对于所有将领的支持一样。我十分担心你以前带到军队中的那些思想——批评及不信任将领,现在将回报到你的身上,我会尽力帮助你肃清这种思想。当这种思想在军队中蔓延时,无论是对你还是对拿破仑——如果他还活着,都绝不会有什么好处。现在,你千万要小心,绝不可轻率从事。注意,绝不可轻率从事,但要以充沛的精力和永不疲倦的努力前进,并带给我们胜利。"

你不是柯立芝、麦金利或林肯。你只想知道,这些哲学是否能在你的日常生活中为你所用,并产生实效,是否让我们拿费城华克公司的高伍先生为例来说吧。高伍先生是和你我一样的普通人,他是我在费城所举办的一个辅导班的学员,他在班上的一次演说中叙述了这样一件事:

华克公司在费城承包了一项建筑工程,并要求在指定的日期内完工。每件事情开始都进行得很顺利,这项工程就快要完成了。这时,负责供应外部装饰铜器的承包商突然说他不能按期交货。什么?整个建筑工程都要搁浅?而这巨额的罚金、惨重的损失,都因为一个人?长途电话、辩论、激烈的争执,全都没有用。于是高伍先生被派往纽约,到那铜狮穴里去拔"狮须"。

"你知道你的姓名在布鲁克林区是独一无二的吗?"高伍先生走进这位经理的办公室时,这样问道。这位经理很惊异:"不,我可不知道。"

"哦,"高伍先生说,"当我今天早上走下火车后,查看电话簿找你的住址时,在布鲁克林区的电话簿中只有你一个人叫你这

姓名的。"

"我可一直都不知道,"这位经理说。他开始很有兴趣地查看电话簿。"啊,那不是普通的姓名,"他自豪地说,"我的家庭大约在200年前从荷兰迁到纽约来的。"他接着谈论他的家庭及祖先,长达几分钟。

当他说完了,高伍先生开始恭维他有那么大的一个公司,并且比他曾参观过的几家同样的公司更好。"这是我所见过的最清洁的一个铜器厂。"高伍先生说。

"我花了一生的心血,经营这事业。"这位经理说,"对此我很感到自豪。你愿意参观一下工厂吗?"

在参观的时候,高伍先生又赞扬了他的管理组织系统,并告诉他为什么他的工厂看来比他的几家竞争者要好,以及好在哪里。高伍先生提到了这工厂中几种特殊的机器,这位经理宣称那些机器是他自己发明的。他特别花了许多时间带高伍先生去看那些机器,还解释它们是如何运转工作,以及产品如何精良等等。他坚持要请高伍先生吃午餐。要注意,高伍先生直到这时对他的访问目的还只字未提。

吃完午餐以后,这位经理说,"现在,我们谈正事吧。自然,我知道你是为什么来的。我没有想到我们的聚会如此的愉快。你可以回费城转达我的许诺,即使其他生意我不得不延迟,你的材料我也将保证按期做好并运到。"高伍先生甚至没有任何请求,就得到了他所需要的东西。结果,材料按期交到,建筑工程在包工合同期满的那天竣工了。

如果高伍先生采用平常人在这种情形下所用的争执吵闹的

方法,会有这样的结果吗?

用赞美的方式开始,就好像牙科医生用麻醉剂一样,病人仍然要受钻牙之苦,但麻醉剂却能消除这种痛苦。

所以,要想批评别人,而不触伤感情或引起反感的第一种技巧是——从称赞及真诚的欣赏着手。

第二章　良好相处的基石

27

真诚地赞美你爱的人

　　洛杉矶家庭关系研究所所长保罗·鲍比罗曾说过这样的话："大多数男子在寻找对象的时候，不是找一位能干的高级职员，而是想找一位既迷人，又可以满足他的虚荣心，并使他感觉超人一等的人。所以，某位公司或机构的女主管可能会有人来邀请她吃饭，但也只有一次。她很可能会把她在大学所学的《现代哲学主要思潮》拿出来作为话题，甚至还要坚持付自己那份餐费。可是结果呢？从此以后，她就只能一个人吃饭了。相反，那些没有上过大学的打字员小姐却大不相同。当她被人邀请共进午餐的时候，她会用热情的眼光注视着她身边的男子，话语中带着无限深情：'能不能把你的情况多告诉我一些？'结果这个男人会告诉别人：'她并不是很漂亮，但我从来都没有遇到比她更会说话的人。'"

　　对于女性在追求美丽方面所花的时间和心思，男人应该表示赞赏，所有的男人常常会忘记，尽管他们也知道女人非常在意自己的衣着打扮。例如一个男人和一个女人在大街上遇到另一个男人和一个女人时,这女人很少会注意对面那个男人,而是通常会注意另一个女人的衣着服饰。

几年前,我的祖母在98岁高龄时离开了人世。就在她去世前不久,我们把一张她在30多年以前所照的照片给她看。尽管她的眼神已经不太好,看不清楚照片,但她问的唯一的问题是:"我那时候穿的什么衣服?"

请想想!一位风烛残年的老太太,久病在床,年事已高,近一个世纪的时光将她的一切精力几乎耗尽,记忆力甚至衰退到连自己的女儿也认不出来,可是还想知道她在30多年前穿的是什么衣服。她问这个问题的时候,我正好在她的病榻旁边。这件事给我留下了难以磨灭的深刻印象。

这本书的男性读者,不会记得他在5年前穿的是什么衣服,而且他们也根本没有心思去记住这些事。但是对于女人来说,可就不同了——我们男人应该注意到这一点。在法国,上层社会的男人在这方面就做得很好,他们不但对女人的衣服帽子表示赞美,而且一个晚上还不止一次,而是好多次。5000万的法国男人都在这么做,其中自有道理。

在我的剪报中,有一篇故事。尽管我知道这件事从来都没有发生过,但它却说明了一个道理,因此我想把它再重复一次:

一个农村妇女,有一次在干了一天辛苦的工作之后,在男人们面前放了一大堆草。当这些男人生气地问她是否发疯时,她回答说:"哼!我怎么知道你们会注意到吃的是什么?我为你们这些男人做了20年的饭,可我从来都没有听到你们说过一句话,好让我知道你们吃的不是草。"

从前，莫斯科和圣彼得堡那些养尊处优的上层人物，在这方面很有教养。在沙皇俄国时代，上层社会有一种习惯，就是当他们享受了一顿美味佳肴之后，一定会请来厨师，当面褒奖他们。为什么不这样对待你的妻子呢？下次，当她的鸡排做得非常脆嫩可口时，你就要这样告诉她，让她知道你非常欣赏她的手艺——你不是在吃草。或者，正如得克萨斯·吉恩经常说的："大大地夸奖那个小女人。"

如果你想这样做的话，就不妨让她知道，她对于你的幸福和快乐是何等的重要。狄斯累利是英国最伟大的政治家，但是正如刚才我所介绍的，即使面对全世界的人，他也会毫不害羞地承认"非常感激那位小女人"。

有一天，我在看一本杂志时，看到一段采访艾迪·康德的文字：

"我从我妻子那里得到了许多帮助，"艾迪·康德说，"比从世界上任何其他人那里得到的都要多。在我年轻的时候，她是我最好的朋友，帮助我向前努力进取。我们结婚之后，她省下每一个美元，拿去投资、再投资，她为我积累了一大笔资产。我们有5个可爱的孩子，她为我建造了一个温暖舒适的家。假如说我有所成就的话，全都归功于她。"

在好莱坞，婚姻就是一件冒险的事，即使伦敦的路易保险公司也不敢承接其保险。但是华纳·巴斯特的婚姻，却是少数几个特别幸福的婚姻中的一个。

巴斯特夫人婚前的名字是威尼费·布莱逊，她放弃了大红大紫的艺术表演生涯，和巴斯特结了婚。但是，她从来不以她的这种牺牲来破坏他们的婚姻幸福。"她失去了在舞台上成功表演的机会，"华纳·巴斯特说，"但我已经尽了自己最大的努力，使她知道我对她的赞赏，并由此得到满足。如果一个女人要从她丈夫那里得到幸福和快乐，那一定要出自他的真心赞赏和真诚热爱。如果这种赞赏和热爱都是发自内心的，那么他也会从中得到爱与幸福。"

明白了吗？因此，如果你想要获得幸福的婚姻家庭生活，使你的家庭保持快乐，就请记住第四项法则——真诚地赞美你的爱人。

随时关心自己的家人

　　自古以来,鲜花就被认为是爱情的语言。买花用不了你多少钱,尤其是在开花季节更加便宜,而且街头巷尾到处都能买到。但是,一般来说,丈夫很少会买一束水仙花回家。从这种现实情况来看,你也许会认为水仙花和兰花一样昂贵,或者像高耸入云的阿尔卑斯山的陡峭悬崖上的鼠曲菊那样稀有。

　　为什么要等你的妻子生病住院了才给她买花呢? 为什么不在明天晚上就买一束玫瑰花送给她? 如果你喜欢尝试,那就不妨这样去做,看看结果如何。

　　乔治·柯恩是百老汇的大忙人,但他坚持每天和他母亲通两次电话,直至她去世。你是不是认为他每次都会告诉她一些新鲜事?绝不是。这种小事的意义在于,向你所爱的人表达你的思念,你要让她幸福快乐。而她的幸福快乐对你来说,是非常宝贵和重要的。

　　女人对于自己的生日和纪念日非常在意——这是为什么呢? 这可能永远都是一个无人知晓的女性的秘密。一般来说,男人们即使不记得许多有意义的日子，但他们也仍然可以将就地过一辈子，但是有些日子他们是应该而且必须记住的，如：1492年(哥伦布发现美洲新大陆)、1776年(美国独立)、妻子的生日，以及他们自己的结婚纪念日。如果实在记不住的话，那可以不记前面两个时间——但后面两个可绝对不能忘记!

芝加哥大法官塞巴斯曾审过4万件离婚案，并使2000对夫妇达成和解。他说："大多数夫妻婚姻生活的不和，根本原因即在于细小的琐事。例如早上丈夫离家上班的时候，如果妻子能向丈夫挥手再见，就可以使许多夫妻免于离婚。"

诗人劳勃·勃朗宁和他妻子伊丽莎白·巴瑞特·勃朗宁的婚姻生活，可以说是有史以来最值得称颂的了。即使他再忙，也不会忘记从细微之处来关照和赞美他的妻子，因此他们的爱情得以常青。由于他是如此体贴入微地照顾他那患病的妻子，以至于妻子有一次写信给她妹妹说："现在我很自然地开始觉得，我或许真的是一位天使。"

许多男人总是小瞧这种在日常生活中表示体贴的细小事情的重要性。这正如盖罗·麦道斯在《图书评论》中的一篇文章中所说的："美国家庭真的需要一些新的东西。例如，在床上吃早餐，是许多女人借以放纵自己的事情。对于女人而言，在床上吃早餐，犹如私人俱乐部对男人一样重要。"

这才是稳定而长期的婚姻的真实情况——一连串琐细的小事。如果忽视这些琐事，夫妻之间必定会出现矛盾，导致不和。艾德娜·圣·米兰在她的一篇押韵短诗中说得很好：

并不是失去之爱破坏了我的美好时光，

33

而是生活的细小之事导致了爱的消亡。

这首诗太好了，值得记住。

在雷诺，法院每星期有6天办理结婚和离婚的事情，而每天两者之比为10∶1。这些支离破碎的婚姻，你认为有多少真正是由于悲剧导致的呢？简直是太少了，我敢向你保证。如果你有时间从早到晚地坐在那里，听那些婚姻不愉快的夫妻们的述说，你就会知道，爱情正是由于生活中的细微琐事而导致消亡的。

现在，请将下面这段引语剪下来，贴在你的帽子里或镜子上，以便你每天早晨刮脸修面时都可以看见："机会逝去不可再得。因此，凡是对任何人有益的事，而且我现在又能够做的，或者是我可以向任何人表示关切友好的事情，就让我现在去做。不要拖延，不要疏忽，因为机不可失，时不再来。"

因此，如果你想要获得幸福的婚姻家庭生活，使你的家庭保持快乐，就请记住第五项法则——随时关心自己的家人。

打开你心中的窗

学会善待他人

假如你生气时,对人家发一顿火,你固然会觉得舒服了,但对方又会怎样呢?他也能分享到你的痛快吗?你那充满火药味的声调、仇视的态度,能使他赞同你吗?

"如果你握紧两个拳头来找我,"威尔逊总统说,"对不起,我敢保证我的拳头会握得和你一样紧。但如果你到我这儿来说,'让我们坐下来商量,看看为什么,我们彼此意见不同。'那么不久我们就会发现,我们的分歧其实并不大,我们的看法同多异少。因此,只要我们有耐心相互沟通,我们就能相互理解。"

最欣赏威尔逊这些至理名言的,要数小约翰·洛克菲勒了。1915年,洛克菲勒还是科罗拉多州一个最受人轻视的人。美国工业史中流血最多的罢工潮,在科罗拉多州持续了动荡不安的两年。愤怒而粗野的矿工要求科罗拉多煤铁公司增加薪水,而这家公司正归洛克菲勒所有。当时,房产被毁坏,军队也被调动出来,发生了多起流血事件,罢工的工人遭到镇压和枪杀,许多尸体遍体枪伤。

在那样一种充满仇恨的情况下，洛克菲勒却要使罢工者接受他的意见，而且他真的做到了。他又是怎样做的呢？大致的情形是这样的：他先是花了数星期的时间和工人交涉，然后又对工人代表发表演说。这篇演说可算得上是一篇杰作，而且产生了惊人的效果，它不仅平息了恐吓者要把洛克菲勒吞下去的仇恨，而且使他赢得了许多赞赏者。他用极友善的态度来阐明事实，使罢工工人回去工作，而不再提增加薪资的事。这是那篇著名演讲的开始部分，且看它的字里行间所流露出来的友善精神。要知道，听洛克菲勒这次演讲的人，几天前还打算将他吊死在酸苹果树上。然而面对这些人，他却再仁慈、再友善不过了，好像是在对一群传道医生演讲。他的演讲如下：

"今天，是我一生中值得纪念的日子，"洛克菲勒说道，"这是我第一次这样幸运地会见这家伟大公司的劳工代表、职员及监督们。说心里话，我很荣幸能到这里来，而且在我有生之年绝不会忘了这次聚会。如果这次聚会在两个星期前举行，我对你们中大多数人来说一定是一个陌生人，而且我也只认识少数的面孔。上星期我有机会访问南矿区所有的住户，除去外出的代表，我差不多和所有代表谈过话，我见过你们的家人，看到了你们的妻子儿女。我们今天在这里见面，不再是陌生人，而是朋友。也正是在这种互相友善的精神中，我很幸运有这种机会，同你们讨论我们共同关心的问题。

"这是由公司职员及工人代表参加的集会。我之所以能来这里，全都是因为你们的厚爱。尽管我既不是公司职员，也不是工人代表，但我仍然觉得与你们关系亲密，因为从某方面说，我代

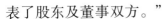

表了股东及董事双方。"

这不是一个化仇敌为朋友的最理想的例子吗？假如洛克菲勒采用别的方法；假如他和那些矿工争论，态度强硬地当着他们的面举出毁坏矿场的事实来；假如他用暗示的语气告诉他们，说他们是错的；假如他运用逻辑规则来证明他们是错误的，那么结果会如何？那必然会激起更多的愤怒、更多的仇恨和更多的反抗。

如果一个人因为与你不和，并对你怀有恶感而对你心怀不满，那么你用任何办法都不能使他信服于你。责骂的父母、强硬的上司及丈夫，以及唠叨不休的妻子们应该明白，人们不愿改变他们的想法，不能勉强或迫使他们与你我意见一致。但如果我们温柔友善，非常温柔，非常友善，我们就能引导他们和我们走向一致。其实，大约在100年前，林肯就曾有过上述看法。下面是他的原话：

"一句古老的格言说：'一滴蜂蜜比一加仑胆汁，能捕到更多的苍蝇。'对人也是这样。如果你要让别人同意你的观点，你就要先使他相信你是他真正的朋友。这就犹如一滴蜂蜜，用一滴蜂蜜赢得了他的心，那么，你就能使他走在理智的大道上。"

商人们正日渐明白，对罢工者态度友善，是很值得的。

例如，当怀特汽车公司的2500名工人为增加工资而组织工会举行罢工的时候，公司经理伯莱克没有生气和责罚、恫吓。相反，他还称赞罢工者。他在《克里夫兰报》上登广告，颂扬他们"放下工具的和平情形"。当他看见罢工纠察队的人闲得无聊时，他还给他们买了棒球棍及手套，请他们在空地上打棒球。为了讨好那些喜欢打地球的人，他甚至为他们租了一间地球室。

伯莱克经理的友善态度，即刻产生了良好的效果，唤起了罢工者内心的友善精神。于是，罢工者借来扫帚、铁铲、垃圾车，开始清扫工厂的场地。在美国罢工历史中，这种事情从未听到过。那次罢工事件在一星期之内和解结束——没有任何怀恨或厌恶情绪地结束了。

丹尼尔·韦斯特相貌出众，谈吐如耶和华，是一位能言善辩而且非常有成就的辩护律师。他善于用友善温和的词句在法庭上表达他那强有力的观点，例如他会说"这一点应该请陪审团考虑"，"诸位，这也许值得想一想"，"诸位，这几件事实，我相信你们是不会忽略的"，或"由于你们对于人性的了解，很容易看出这些事实的重要"。没有威逼，也没有高压的手段，他从不将自己的意见强加于人。韦斯特用轻声细语和安详友善的方式来为人作辩护，而这正是他闻名遐迩的原因。

你或许永远不必去调解罢工潮，或对陪审团发言，但是你或许会希望房东将你的房租减少。那么，用友善的方法能帮助你吗？我们且看下面的例子。

一位工程师施劳伯希望房东能够减低他的房租，而他知道他的房东是很顽固的人。"我写了封信给他，"施劳伯在我班上的一次演讲中说，"通知他在租期将满时，我就会搬出我的公寓。说实在话，我并不想搬动。如果能减低我的房租，我就住下去，但依情势看来，这种希望太小了，别的房客也试过，都失败了。人人都告诉我，这个房东是极难纠缠的。但我对我自己说，我正在研究如何与人相处，所以我要对他试一试，看看结果怎样。

"他接到我的信以后,就同他的秘书一起来找我。我在门前以友好的态度迎接他,充满了善意与热心。我没有一开口就说房租太高的问题。我只是说我如何地喜欢他这所公寓。我认为我真是'诚于嘉许,宽于称道'。我称赞他管理有方,并告诉他我很乐意再住上一年,可是我的经济实力确实支付不起房租。

"很明显,他从来没有从一个房客那儿得到这种欢迎和赞扬,他简直不知如何是好了。

"然后,他开始向我大倒苦水,说出了他的困难,并抱怨那些房客。曾经有一位房客给他写过14封信,有的话简直是侮辱。还有一位房客威胁说,如果房东不能使上面一层楼的人睡觉时不打呼噜,他就要取消租约。他对我说:'有你这样满意的一位房客,多么令人愉快。'接着,我没有请求他,他却自动减少了一部分租金。但我想再多减些,于是我提出了我所能负担的数目,他二话没说就答应了。

"当他离开的时候,他转身问我:'你有什么屋内装饰需要我替你做的吗?'

"如果我用了别的房客所用的方法来迫使房东将房租减低,我确信我必然会遇到他们所遇的困难,而这种友善的、同情的、欣赏的方法使我达到了自己的目的。"

新罕布夏州李特顿市的吉拉德·文恩,也是我辅导班上的一位学员,他讲述了他是怎样运用友善的态度,解决了一桩损毁赔偿的案子。

"今年春季开始的时候,"他说,"地面尚未解冻,却出人意料地下了一场大雨。由于雨水不能像平常那样沿着水沟排泄,只好另寻途径,朝我刚建好的一栋新房子的所在地流了过去。

"雨水对地基形成了压力。雨水渗进了房屋底层的水泥地板中,使地板出现裂缝,水淹没了地下室,使地下室里面的火炉和热水器受损。修理这些东西要花2000多美元,而我所购买的保险并不包含这一类损坏。

"不过,不久我就发现由于承建商设计上的疏忽,没有在房子附近修建排污沟。如果有这道排污沟,或许雨水就不会淹了地下室。在前往承建商公司的路上,我全面仔细地考虑了这件事情,并且想到了我在班上所学到的知识,知道光发火肯定不会有什么作用。于是,当我到达他的办公室之后,我保持冷静,先和他谈了谈他最近去西印度群岛度假的情形,然后我在适当的时候,提到了雨水淹没地下室这个'小'问题。他很爽快地同意负责改进。

"几天以后,他打来电话说,他会支付修理损坏设备的费用,并且要建一道排污沟,防止以后再发生同样的事情。

"这件事情虽然是由于承建商的失误引起的,但我如果不是从一开始就采取这种友善的态度,坚持要他同意承担全部的责任,那恐怕不会这么顺利了。"

让我们再举一个例子,这次我们说的是一位女士——一位社交界的知名人士——长岛沙滩花园城的戴尔夫人。

"我最近请了几位朋友吃午饭,"戴尔夫人说,"对我来说,这可是一个重要的聚会。因此我当然希望事事顺利,宾主尽欢。我的管家艾米平时在这类事情上是我得力的助手,但是他这次却让我很失望。午餐搞砸了,根本看不到艾米的人影,他只派了一个侍者来招待我们,但这个侍者对高级招待全不在行,他总是不好好招待我的客人。有一次他竟用一个很大的盘子给一位客人端了一小块芹菜,做出来的肉又粗又老,马铃薯也油腻腻的。总之,我的感觉坏透了,我非常恼火。午餐当中,我一直强装笑脸,但我不断地对自己说:'等我见了艾米,一定饶不了他。'

"这是星期三发生的事。第二天晚上,我听了一场关于人际关系的演讲。在我听演讲的时候,我觉察到责骂艾米一顿也是无济于事的,那反而会使他变得不高兴而对我怀恨在心,并且将来再也不愿帮助我了。于是我尽量从他的立场来看这事。菜不是他买的,也不是他做的,他的手下太笨,他也没有办法。或许我平时太严厉了,很容易发火。所以我决定不去批评他,而改用友善的方法与他沟通。我决定先从赞赏来做开场白——这种方法非常见效。次日,我见到了艾米。他似乎早就有所准备,对我严阵以待,预备与我大吵一场。我说:'啊,艾米,我想让你知道,当我款待客人时,如果你能为我服务,将会对我大有帮助。你可是纽约最好的管家。当然,我完全了解你没有买那些菜,也没有烧那些食物。至于星期三发生的事,你是无法控制的!'

"于是,阴云消散了。艾米微笑着说道:'是的,夫人。问题是出在厨师,那不是我的错。'

"所以,我接着说:'我已经安排好了下一次的聚会。艾米,我需要你的建议。你是否认为我们应该再给厨师一次机会?'

"'……噢,当然,夫人,一定要这样。上次那样的事永远不会再发生了。'

"下一星期,我又请了客人吃午餐。艾米和我一同设计好了菜单。他主动提出只收取一半的服务费,而我也不再提起他过去的错误。

"当我和我的客人们到达宴会厅的时候,桌上摆放着两束鲜艳的美国玫瑰。艾米亲自在场照应。他招待得非常殷勤周到,即使是宴请玛丽皇后,也不过如此。这次午餐的食物醇美无比,服务热情周到。饭菜由4位侍者服务,而不是一个。宴会快结束时,艾米亲自端上了可口的水果作为甜点。

"吃完午餐,在我们临走的时候,我的客人问道:'你对那个管家施了什么魔法吗?我可从未见过这样完美的服务,也从未见过这样殷勤的招待。'她说得的确不错,我已经对他施了友善待人和真诚赞赏的法术。"

多年以前,当我还是个孩子,光着脚穿过密苏里西北部的树林,去一个乡村学校读书时,有一天我读到一则关于太阳与风的寓言。它们在争论谁更强有力,风说:"我可以证明我更加强大。你看见那边那个穿大衣的老人吗?我敢打赌,我能比你更快地使他脱去他的大衣。"

太阳躲到云后,风开始刮起来,越来越大,几乎刮成一场飓风,但它吹得越厉害,那老人越是将大衣裹得紧紧的。最后,风放弃了,平静下来。然后太阳从云后钻出来,对老人和善地"微笑"。过了一会儿,老人开始擦前额上的汗水,脱下了他的大衣。太阳告诉风说:"温柔、友善,永远比愤怒、暴力更强有力。"

就在我童年读到这则寓言故事的时候,在波士顿的一个镇上发生的事情便证实了这则寓言的真理。这个镇在历史上是一个教育及文化中心,我小时根本不敢梦想能有机会一睹它的风采。证实那则寓言真理的是B博士，他是一位医生，30年后成了我班上的一个学员。下面就是B博士在班上所叙述的故事：

在当时，波士顿的报纸上全都是那些招摇撞骗的江湖郎中的广告——堕胎专家和庸医的广告，他们表面上是为人治病，但实际上却用"你将丧失性能力"等恐吓的词句来欺骗那些无辜的受害者。他们的治疗方法，其实就是使受害者满怀恐惧，事实上根本不给任何有效的治疗。他们造成了许多堕胎者死亡，但却很少被判有罪，他们只需支付一点罚金，或利用政治关系就可以脱身。这种情况实在太恐怖了，波士顿善良的民众群情激愤，奋起反对。传教的牧师拍案谴责痛斥报纸，并祈求万能的上帝能够禁止这种广告。公共团体、商人、妇女团体、教会、青年团体，全都一致声讨痛斥，但都无济于事。在州议会中，也开展了激烈的争论，希望宣布这种无耻的广告为非法，但终因舞弊及政治利益集团的影响而不了了之。

当时B博士是波士顿最大的基督教联盟公民慈善委员会的主席。他的组织已用尽一切方法，但都失败了。这场反对医界败类的斗争，好似完全没有胜利的希望。接着，有一天晚上，在午夜以后，B博士尝试了在波士顿显然没有任何人试想过的办法。他用的是和善、同情和赞赏。他试图使报纸自动停止刊登那种广告，他给《波士顿导报》的出版人写了封信，说他是如何地赞赏这家报纸!他长期以来一直坚持阅读该报，因为它新闻真实，不追求刺激，而且它的社论尤其精彩，是一份极其出色的家庭报纸。B博士声称，依他看来，它是新英格兰地区最好的报纸，也是全美国最好的报纸之一。

"但是"，B博士说，"我的一位朋友有个年幼的女儿。他告诉我，说他的女儿有一天晚上为他朗读了你们报上登的一则广告，这是一则有关堕胎专家的广告，并问他那是什么意思。老实说，他当时尴尬之极。他不知道该怎么说才好。你们的报纸在所有波士顿有教养的上等家庭都极具影响，如果这事在我朋友的家中发生，是否也会在别人家中发生呢？如果你也有一位年幼的女儿，你愿意让她看到这种广告吗？假如她真的读了，并向你提问，你又该怎样对她解释？

"我很遗憾的是，像贵报这样优秀的报纸，其他各方面几乎是十全十美，却刊登这样的广告，致使一些父母不得不把报纸藏起来，以免被他们的女儿看到。我想大概还有千百位其他订户都与我有同感吧？"

两天以后，《波士顿导报》的出版人给B博士回了信，那是在1904年10月13日。至今，B博士还保存这封信，已经有了30多年。当他成为我班中的一位学员时，他把这封信送给了我。现在我写这一章时，这封信正摆在我的面前。

亲爱的先生：

您本月11日致本报编辑部的来信已经收悉，非常感激，它促使我下定决心实行自我接管本报以来一直想做而未做的一件事。自下星期一开始，我打算将《波士顿导报》中的一切不良广告全都删除。药片、旋转液体注射器，以及相似的广告将绝对取消，其他一些暂时不能完全取消的医药广告，也将尽量审慎编辑，绝对不能使它再招致非议。

您来信善意提醒,使我受益匪浅,再度致谢。并盼继续不吝赐教。

海洛斯顿首

一个人如果能认识到"一滴蜂蜜比一加仑胆汁,能捕到更多的苍蝇"这个道理,那么他在日常言行中也会表现出温和友善的态度来。马里兰州路德维尔市的盖尔·康纳先生就证明了这句话的真理性。

有一次,康纳先生买了一辆新车,可是4个月之内这辆车却进维修厂家那里做了3次维修。他在我班上说:"很明显,和维修厂的经理谈话、说理,或指责他,都不能圆满地解决我的问题。于是,我进入汽车展销大厅,要求见他的老板怀特先生。我稍等了一会儿,就被人领进了怀特先生的办公室。我先做了一番自我介绍,向他说明我之所以买他公司的汽车,是由于我朋友的推荐。因为他们都买了他公司的汽车,认为价格合理,而且服务也很出色。怀特先生听了这些之后,满意地笑了起来。然后,我又向他说明我的问题。我向他进一步指出:'我想你一定会非常关心那些不利于你公司声誉的事情。'他感谢我告诉他这件事,并向我保证一定会解决我的问题。后来,他不但亲自为我处理好了这件事,而且还在我的汽车送修期间,将他自己的车借给我使用。"

伊索是希腊克里萨斯王宫中的一名奴隶,在基督降生之前600年,他就说过许多不朽的寓言,其中有关人性的真理,现在仍适用于波士顿和伯明翰,正如它在25个世纪以前适用于雅典一样。太阳能比风更快地使你脱下大衣,和善、友谊及赞赏,远比任何强权暴力更容易改变人的心意。不要忘记林肯所说的："一滴蜂蜜比一加仑胆汁，能捕到更多的苍蝇。"

所以，当你希望别人同意你的意见时，不要忘记第四种方法——用友善的方法开始赢得别人的心。

称赞对方最微小的进步

我跟帕特·派洛是老朋友了。他从事驯狗工作，一生都随同马戏团及杂技表演团到处旅行表演。我很喜欢看他的驯狗表演，而我注意到，每当那狗稍有进步时，他就立刻轻轻地拍拍它，称赞它几句，并喂给它肉吃，好像就是一件了不起的大事似的。这并不是什么新鲜事。驯兽师几百年来，都是用同样的方法。

我一直感到很奇怪，为什么当我们要改变一个人的时候，不用驯狗时所运用的常识？我们为什么不以肉代鞭？我们为什么不用称赞代替斥责？即使是极其微小的进步，我们也要给予称赞，这样可以激励别人不断进步。

辛辛监狱的劳斯狱长已经发现，对于辛辛监狱中的罪犯来说，即使他们只有一点小小的进步，如对他们加以称赞，便会收效显著。"我已经发觉，"在我写本书的时候，我接到劳斯狱长的一封信，他说，"对于罪犯的努力给予适当的赞许，比起严厉地批评与斥责他们的过错，更能推动他们进一步合作，并促进他们改过自新。"我从未被关押在辛辛监狱中——至少现在还没有被关过——但我可以从回顾我自己过去的经历中看出,在某些方面,确实因为几句称赞的话就深刻地改变了我的一生。在你的一生中,是否也有过与此相同的情形呢?历史上,因称赞而走向成功的奇迹,简直数不胜数。

例如,50年前,有一个十来岁的孩子在那不勒斯一家工厂工作。他极其渴望成为一名歌唱家,但他的第一位教师却使他大受挫折。"你不能唱歌,"他说,"你天生就缺少一副好嗓子。你的嗓音听起来就像风雨吹打中的百叶窗发出的难听的声音一样。"但他的母亲——一位贫苦的农家妇女,却热烈地拥抱着他,称赞他,并告诉他,她知道他能唱歌,并说她已经看到了他的进步。她节衣缩食,以便节省钱来付他的音乐学费。那位农家母亲的称赞与鼓励,改变了那孩子的一生。你也许已经听说过他,他的名字叫恩瑞格·卡罗索。

在许多年以前,伦敦有一位青年希望成为一名作家,但似乎事事都跟他过不去。他顶多上过4年学,他的父亲因为还不起债而被捕入狱,因此这位青年常常饱受挨饿之苦。最后,他找到了一份工作,在一间老鼠穿梭的库房中粘贴黑油瓶标签。晚上,他和两个来自伦敦贫民窟的脏小孩一起睡在一间阴暗的小阁楼中。他对自己的写作能力没有任何信心。因此,他在深夜里偷偷地溜出去,将他的第一篇稿件寄了出去,因为他怕别人笑话他。尽管一篇篇稿件都被退了回来,但他最后迎来了伟大的一天,他的一篇文章被录用了。而事实上,他没有得到一先令的报酬,不过有一位编辑称赞了他。他如此兴奋,在街上毫无目的地游荡,兴奋得泪流满面。由一篇故事被刊出所得到的称赞及认可,改变了他的整个人生,因为如果没有那次鼓励,他很可能会在那家老鼠成灾的工厂中穷困潦倒过一辈子。你也许早已知道那个孩子,他的名字叫查尔斯·狄更斯。

在50年前,伦敦的另一个孩子,他在一家布店当店员。他每天早上必须5点钟爬起床,把布店打扫得干干净净,还得像奴隶般工作14个小时。那简直是在做苦役,他看不起这份工作。过了两年,他实在忍受不下去了。一天早上,他起床之后来不及吃早饭,就步行了15里地,去找他那位在别人家里当管家的母亲商量。他几乎发狂了,他请求她,他哭泣,他发誓——如果他必须再留在这家布店中,他一定会自杀的。然后,他写了一封长长的且带有悲剧色彩的信,给他的老校长,说他心已破碎,不愿再活在这个世界上。他的老校长给了他一些勉励,并肯定地对他说,他实在是个很聪明的孩子,应得到一份更好的工作,并给了他一个教员的职位。这次鼓励改变了那个孩子的前途,使他在英国文学史上写出了不朽的一页。因为那个孩子后来曾写成了77部著作,挣得了100多万美元的稿酬。你大概已经听说过他,他就是赫伯特·威尔斯。

在1922年,一位住在加利福尼亚的青年,他穷得连他的妻子都养不活。因此他星期日在教会唱诗班中唱歌,或偶尔去别人的婚礼中为人唱唱《祝福歌》,以赚得5美元。他如此贫困,以至于在城里住不起,因此,他在一个葡萄园中租了一间破旧的屋子,租金每月只有12.5美元,房租虽低,但他仍支付不起,还拖欠了10个月的房租。他只好在葡萄园中帮人摘葡萄,以代付租金。他告诉我,他有时除葡萄以外,甚至没有别的东西可吃。他非常悲观,几乎要放弃唱歌这一差事，去推销载重汽车了。就在这时候，休斯称赞了他，对他说："你可以成为一位伟大的歌唱家。你应该去纽约进修深造。"最近，那位青年告诉我，说休斯那一点称赞——那轻微的激励，成为他终身事业的转折点，因为那给了他激励，促使他借了2500美元去东部求学。你也许听说过他，他的名字叫劳伦斯·狄拜特。

以赞扬代替批评，是斯琼纳教授的核心观点。这位世界上最伟大的心理学家以动物和人做实验，来证明当减少批评并且多加鼓励和夸赞时，被实验者就会多做好事，而相对不好的方面则会被忽略而萎缩。

北卡罗来纳州洛杉矶市的约翰·林杰波夫，就采取这种方式来对待他的孩子。如同许多家庭一般，父母对孩子动不动就会大声吼叫。许多家庭的情况显示，在经历了这样一段时期之后，孩子和父母的关系恶化了。林杰波夫先生决定试行在我班上学到的一些方法来解决这一问题。他讲述说：

"我们决定以称赞来代替挑剔过失。当我们看到他们经常做不正确的事情时，这一点很难做到，要找些事情来真心地称许，真是太难了。我们就想办法去寻找他们所做的值得赞扬的事情，而他们以前所做过的那些令人不愉快的事情，真的也不再发生了。接着，他们其他的错误也消失了，并开始按照我们的赞许去行事。结果，事情出乎意料，他们变得连我们都不敢相信。当然，这种情况并没有一直持续下去，但比以前总要好得多。我们现在不必再像以前那样去纠正他们的错误，孩子们做对的事情远远多于他们做错的事情，这全都是赞美所起的作用。即使赞美最细

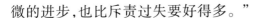

微的进步,也比斥责过失要好得多。"

对工作而言,也是同样的道理。凯斯·罗伯在加利福尼亚州木林山公司工作,也运用了这一道理。

罗伯的印刷厂承接的业务,有许多品质很精细。印刷厂有一位员工是新手,他不太适应他的工作,导致他的上司很不高兴,打算将他解雇。当罗伯先生知道了这一情况以后,亲自来到印刷厂,和这位年轻人谈了一次。罗伯说他对他刚接手的工作非常满意,并告诉这位青年这是他曾在公司看到的最好的产品之一。罗伯还指出这些东西好在哪里,以及那位年轻人对公司的重要性。

你想这能不对那位年轻人的工作态度产生影响吗?几天以后,情况大为改观。年轻人后来告诉他的同事,罗伯先生非常欣赏他生产出来的产品。从那天起,他就成了一位忠诚细心的员工了。

我们都渴望得到赏识和认可,而且会尽一切努力去得到它,但没有人希望得到那种不诚恳的阿谀奉承之类的东西。让我再重复一遍,这本书所教导的各项原则,只有真心诚意去实践才会有用。

能力会在批评下萎缩,而在赞扬鼓励之下开花。所以,要改变别人而不冒犯他或引起反感,第六种技巧是——称赞最微小的进步,并称赞每一次进步。

51

第三章　与人交往的智慧

打开人际沟通的天空

沟通,就是人们互相交换彼此的想法,倾听对方的心声,将你的想法种植到别人的心中,然后使双方达成理解、取得一致,直到人们接受并产生共鸣的过程。

著名成功学大师戴尔·卡耐基在他的著作中不断提到,在一个人的成就中有85%决定于与人沟通的能力,而专业知识只占15%的比例。美国心理学家W·巴克说过:"人离不开人——他要学习他们,伤害他们,支配他们……总之,人需要与其他人在一起。"

事实上,也的确如此。工作中,人与人的关系是一种相互依存的关系,因为大家的事业是共同的,必须依靠合作才能完成。而每个人都有着自己的个性爱好与追求和生活方式,因教养、文化水平、生活经历等区别,人们不可能也不必要求每个人处处与他所处的团队合拍。但是,我们也知道,任何一项事业的成功,都不可能仅依靠一个人的力量。因此,人生需要交往,人生不可避免地需要自我的形象推销与展示。不论你从事任何工作,都必

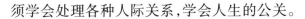

须学会处理各种人际关系,学会人生的公关。

从某种角度上来说,良好的人际关系是树立自我良好形象,形成集体中融洽的关系,并积极向外拓展自己的交际面,不断赢得他人和社会赞誉从而辅助人生走向成功的最佳手段。

纵观那些各行业的成功者,你就会发现,他们都很善于沟通的,特别是那些社会上的精英人物,他们都有一套极为娴熟的驾驭人际沟通的技巧。

在三国争霸之前,周瑜曾在袁术部下为官,但并不得志,仅被委任为一个小小的居巢长,相当于一个小县的县令。

在他的任上发生了饥荒,百姓没有粮食吃,就吃树皮、草根,活活饿死了不少人。周瑜身为父母官,看到这种悲惨情形却一筹莫展。这时,有人献计说附近有个乐善好施的财主鲁肃,他家境殷实富裕,必定囤积了不少粮食,不如向他去借。周瑜无奈只好亲自登门拜访鲁肃,寒暄客套完毕,周瑜就直接说:"不瞒老兄,小弟此次造访,是想借点粮食。"

鲁肃见周瑜外貌俊朗,料定他日后必有一番作为,因此哈哈一笑说:"此乃区区小事,兄当奉送。"周瑜及其手下一听他如此慷慨大方,都被深深感动了,两人就交上了朋友。后来周瑜在江东当上了将军,他牢记鲁肃的恩德,并将他推荐给孙权,鲁肃终于也得到机会成就自己的人生大业。

回想一下,在你上次的工作面试即将结束的时候,在你的面试官提问完所有的问题之后,他又是怎样向你描述这份工作和这个组织的呢?他是否也像所有的管理者一样毫无例外地集中介绍他们的这个工作和组织的优越之处,比如那些有趣的工作任务、同事之间的友情、晋升的机会和丰厚的福利等等。纵使他们知道这些组织和工作的不足之处，他们一般也会谨慎地避免这些话题。那么，譬如你作为精明的管理者又应该怎样去避免这样情况的发生呢？

在现今这个充满危机和变动不居的世界中，人们所需要的关系不只是一种包含着固定依赖性、无所不在的脉络关系，而更是一种能够帮助人们成长、自我支撑，同时又能提供给人们一种归属感的关系。很多人都是带着这种良好的人际关系期望与他人交往，但往往几个回合下来，便失去了耐心和宽容，几乎每个人都在历数别人在交往中的缺点与不是，这使得大家都感到现实人际关系的复杂与无奈。

所以在现代，骤变的社会已经阻挠了人们与外界的既定关系，使人们很难，有时甚至不能用传统的方式成功地与他人互为作用。人们需要建立一种和谐的，于己于人均有良好效果的健康的人际关系。

开放胸襟，广结善缘

首先，应由垂直型组织关系网转向建立水平式的关系网。这样做的主要的原因是当前社会存在许多新兴的团体，都是伸出触角的机会；其次应广结善缘，结识不同类型的人，一方面可将人际关系网络相互交换，另一方面也因此产生新的构想与创意。由封闭型组织转为开放型组织，个人的心态应视"开拓新关系"为自我与业务扩展的新契机！

以上述积极的心态采取扩建人际的行动，必然有所收获，譬如：

1. 利用血缘、姻亲。如同关系扩大法，即没关系找关系，有了关系便没关系！

企业经理协会、人力资源协（学）会，乃至于采购协会、工程师协会、甚至亦可自组团体，如销售技巧研究会、读者会等。

2. 主动加入既存的团体。如狮子会、扶轮社、青商会或专业团体如管理科学学会等。

3. 主动担任公益团体竞选活动之义工或干部，尤其是慈善爱心社团或环保团体。连续数年的大大小小的竞选活动,都是扩建人际关系的好时机。

4. 积极参加校友会、同乡会、联谊会等组织。这些组织中不乏企业负责人、民意代表、经理干部,目前这些组织最欠缺有活力有干劲有理念的年轻人加入!

5. 运用人际关系经纪人的角色与功能。某些行业会接触大量的人,譬如保险业、民意代表、社团负责人,美发美容业、顾问业、中介业、医疗业等,从这些行业着手,彼此交换名单或推荐,可迅速扩展人际关系网。

6. 从事或投资与人群接触的行业。如上项之说明,此为更积极主动的做法,先累积第一手人际资料,再带人欲销售的商品!

7. 争取公开场合主持会议、发言或演讲。一方面可增加曝光机会,建立知名度,一方面可广泛接触到关系经纪人。

8. 善于运用现代媒体,增进人际互动与亲密关系。诸如BBS的电脑通讯网路,传真、手机等等。

在关系建立过程中如欲倍增关系,可参考曼陀罗图做法:建议您拿出一张空白A3影印纸,水平与垂直各划三等份,形成九个空格,将中间那格填上您的名字,然后依次填上与您的业务有关的名单,包括亲戚、朋友、同学、同事、社团、宗教、业务往来和共同兴趣者,每格找出十个或是更多的潜在的人际关系,也即能与你产生人际关系的人来。这样就能测出你的人际关系如何了。当然是越多表示你的人际关系越好。

你知道创造出非凡无比的成功事业,与你非凡无比的人际关系网络有多么无法预见的神秘关系吗?能量巨大的人际网络有着无形的气场,它能给你的生活带来转变。每时每刻打造你的人际关系网络,是职场的必修课。

长期以来,人们都信奉"好酒还是陈的香,朋友当是老的好",认为"人生得三两知己足矣"。可是一步跨进信息时代,静态的社会关系层面被打破,分工细化,高低有别,各种领域、不同渠道都可生发出盘根错节的人际关系。

你哪有时间去等上十年八年才摸透一个人,看他可交不可交?你也没有理由期待一个好关系,无端地送上门来;你急需一座或数座桥梁,来为事业理想、生意往来、生存之道互通有无、助一臂之力;你一定渴望在成为白领、金领之后继续晋升更高层面。于是,你继往开来的成功之路在很大程度上就取决于你拥有多大的人际影响力。

良好而稳固的人际关系网不但能拓宽生活的视野,提高你倾听和交流的能力,还可以造就自己,嘉惠别人,你帮助的人越多,得到的意想不到的收获也越多。

你需要怎样的人际关系网络?

在考虑建构自己的人际关系网络之前,首先需要甄别手中现有的人际关系网络雏形,设定未来发展趋势。

初级人际关系网络的基石一定是你最熟悉的人,你的家人、亲戚、邻居、老师、校友、同学、恋人。由他们的关系,你会认识他们的朋友和朋友的朋友。一般来说,你对他们知根知底,他们也了解你的一切,即使你因为种种原因与他们若即若离,关键时刻这些人依然会在能力范围之内无私地帮助、关照于你。

中级人际关系网络涵盖了你的衣、食、住、行等生活行为和工作、活动、培训、进修、比赛、参观、度假、聚会、笔友等社会行为所结识的形形色色的朋友，以及经由他们介绍而环环波及、衍生出来的各种朋友。

这些人虽然与你相距很远，但依然存在于你既定的人生轨道上，不要害怕只与他们一面之交、缘薄情浅，也许他们同样会产生与你结交的想法呢?这些朋友可以满足你交友、相互帮忙、提供信息、兴趣发展、情感支持等方面的需要，其中不乏你人生和事业的推进者和引路人。

高级人际关系网络的建立应该与你的理想、追求息息相关。这些人身处不同领域、职业的塔尖部分，他们有可能是你心向往之的职业精英和知名人士，有可能是你未来事业的合作伙伴和竞争对手，他们有可能担当着各个职能部门的主要领导。与他们相识并建立关系固然有一定难度，但方法得当，甚至可以成为他们的密友。

好了，明白自己处在哪个水平线上，与发展目标尚有多远距离后，接下来就可以扩充你的人际关系网络了。根据人际关系学中的"一代四"理论，假若你不断对认识的某人施加影响，可以通过他将你的口碑传播至少4个人，假若你认识100位朋友，实际上等于拥有了400位朋友，那潜在的300位人际资源可以随时冒出来对你有所帮助。

怎样测定你的人际关系网络具有较大价值呢？主要看你的行事风格、性格特点、"织网"方法、网中"鱼"儿的分量和你的预期目标是什么了。

圆规式横向扫描:不论职业、领域、身份，广泛结交，不分有

用或没用,有用的帮大忙,没用的还帮人场,时间久了,想成为核心人物不是没有可能。

金字塔式纵向延伸:从普通的阶层入手,对各种关系去糟存精,筛选最有价值的关系进行深交,逐渐向更高层次冲刺。

树状式多项发展:不计眼前得失、不功利结交,层层关系犹如枝叶相连,相互渗透、互为营养,机会到时,就是最有力的支持。

鼹鼠式储备基金:像鼹鼠这样勤快的小动物一样四处挖洞,洞中都存有食物补给,有时自己都忘记了,但关键时想起也聊胜于无。有些人的命运就这么好,5年前还是职员的朋友今日做到了很高的职位,他或许就是你的贵人。

学会与不同性情的人沟通

生活中，你不难发现因为性情不同而导致那些脾气秉性与他人不同的人很难相处，这对他们的生活、工作和交际都是一种不利的因素。那么，如何才能做到和不同性情的人"合群"相处呢？

1. 树立平等观念

要想融入团队当中，就不要有等级观念。事实上，一个看不起别人的人，也一定会被别人看不起。所以，当你不喜欢他人的行为方式时，最好是尊重他们并平等相待，切不要鄙视。

2. 要学会对对方感兴趣

奥地利著名心理学家阿尔夫·阿德勒曾经说过："对别人不感兴趣的人，他一生中困难最多，对别人的伤害也最大。"事实正是如此，你对别人不感兴趣，只会使你越来越孤立，你会逐渐失掉别人对你的关心和帮助，在团队中你将成为一个无关紧要的孤家寡人。因此，要建立和谐的人际关系，就要学会真诚地对别人感兴趣，要对别人表现出极大的热情和关注。

3. 要对人表现出宽容

孔子说:"水至清则无鱼,人至察则无徒。"也就是说人太苛刻了,求全责备,就无人与之交往。人往往因为自律严,便由己及人,对别人的短处和缺点就难以容忍。长此以往,你的事业必然会遭受挫折。

4. 尊重和理解对方

理解是交际的基础,只有相互间的充分理解,才能产生共鸣。当然,理解是建立于相互尊重基础上的,缺乏尊重就谈不上理解,甚至产生曲解。

5. 设法使自己与对方产生"共鸣"

共同的兴趣和爱好能将人拧在一起,共同的目标和志向能使人走到一起。所以,在人际交往中,要尽量寻找双方的共同点,使彼此产生心理上的"共鸣",以减弱影响交际的不利因素,求大同存小异。

学习面对面与人交流

现代生活中,随着网络的飞速普及,这无形中大大缩小了人们之间的沟通距离,无论何时、何地你都能在网上找到你所需要的帮助。特别是对于那些因残障或疾病而不便出门的人而言,互联网简直就是上天的恩赐。

当然,我们也不难发现无论网络如何发达,其效果也远远比不上面对面地与别人交流所带来的情感体验丰富。譬如你或许会在聊天室里遇到一个言谈甚欢的异性,但如果你不和对方多见几次面,你真的愿意心甘情愿地和对方结婚吗?事实上,你心里也是迫切的需要和对方见见面,以便察言观色,从而能够多方面了解对方的脾气秉性。在面对面交流的气氛中,你会明确地感知到你们俩所营造的环境是什么样的。你在这种环境中能感到自在吗?你对你们共同交谈的需求强烈吗?你们的谈话内容够坦诚吗?你们都能够令对方感觉到真正的愉悦吗?如果答案是否定的,你们在一起并不能最大限度地满足对方的情感需要,那么你们之间是绝对无任何未来可言的。

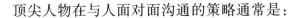

顶尖人物在与人面对面沟通的策略通常是：

策略一：80%的时间倾听，20%的时间说话。

一般人在倾听时常常出现以下情况：一、很容易打断对方讲话；二、发出认同对方的恩……是……等一类的声音。较佳的倾听却是完全没有声音，而且不打断对方讲话，两眼注视对方，等到对方停止发言时，再发表自己的意见。而更加理想的情况是让对方不断地发言，愈保持倾听，你就越握有控制权。

在沟通过程中，20%的说话时间中，问问题的时间又占了80%。问问题越简单越好，是非型问题是最好的。说话以自在的态度和缓和的语调，一般人更容易接受。

策略二：沟通中不要指出对方的错误，即使对方是错误的。

你沟通的目的不是去不断证明对方是错的。生活中我们常常发现很多人在沟通过程中不断证明自己是对的，但却十分不得人缘。沟通天才认为事情无所谓对错，只有适合或是不适合你而已。

所以如果不赞同对方的想法时，不妨还是仔细听他话中的真正意思。若要表达不同的意见时，切记不要说："你这样说是没错，但我认为……"而最好说："我很感激你的意见，我觉得这样非常好，同时，我有另一种看法，不知道你认为如何？我赞同你的观点，同时……"

要不断赞同对方的观点，然后再说同时……而不说可是……但是……

顶尖沟通者都有方法进入别人的频道，让别人喜欢他，从而博得信任，表达的意见也易被别人采纳。

第三章　与人交往的智慧

65

打
开
你
心
中
的
窗

策略三:顶尖沟通者善于运用沟通三大要素。

人与人面对面沟通的三大要素是文字、声音以及肢体动作。经过行为科学家六十年的研究发现,面对面沟通时三大要素影响力的比率是文字7%,声音38%,肢体语言55%。

一般人在与人面对面沟通时,常常强调讲话内容,却忽视了声音和肢体语言的重要性。其实,沟通便是要努力和对方达到一致性以及进入别人的频道,也就是你的声音和肢体语言要让对方感觉到你所讲和所想的十分一致,否则对方无法收到正确讯息。沟通就必须练习一致性。

由此可以看出,有些问题只有通过面对面的接触之后,才能做出最终的决定。也只有这样的交往,你才能说自己是真正在"与人交往"。

听到气话怎么办

　　在人际交往的过程中,有谁会从来都不被他人冒犯呢?即使最优秀的语言大师,或许也会有失言之时而引起他人的不快吧!当我们面对那些足以激怒我们的言语时,应该如何面对呢?我们是否真的束手无策呢?幸好,事情的发展原本不是这样的,你的态度将决定一切。

　　切记,在人际交往的过程中,只有两种态度供你选择,双赢的和无效的。在面对不快时,若由你来决定,由你来选择,你何不选择一种"双赢的态度"呢?纵使别人的言语已经激怒了你,你何不冷静下头脑,沉思片刻找出那些"无效的态度",从而找到一种"双赢的态度"呢?

　　在办公室里,当那些气话鼓动着你的耳膜,使你感到异常尴尬或者情绪激动的时候,你需要做的只有一件事情,那就是——冷静。这时,尽管你希望或者下意识地想以发怒来发泄感情,但是你一定要克制住你片刻的情绪冲动,千万不要一时头脑发热而那样去做。因为,在办公室中,随意发泄不良的情绪是最容易损伤你和同事之间的友情的。这样做还有一个最大的副作用，那就是你的这种行为会让你的形象大打折扣，尤其是对于那些女性来说，为了一件小事而大发脾气，结果只会令你周围的同事目瞪口呆，你以前苦心经营的形象将会在瞬间的发泄中付诸东流。同时，从健康的角度来说，发怒也于身体健康不利。所以，当你在毫无准备的情况下突然听到那些尖利的逆耳之言的时候，学一学"制怒"的艺术是有必要的。这里有几点看法，供你参考。

不失态：失态，往往是在感情冲动的情况下发生的，听到气话的时候，你若能够安然处之当然需要极高的个人修养，事实上这对一般人来说又往往不易做到，其往往会在人们的内心激起层层波澜，从而又形诸人们的外表。有的人在听到气话时往往会笑容突然收敛，有的人因情绪过于激动，往往一下子变得脸红脖子粗，声音嘶哑，两手发抖，严重地失去自控。这些，都是应该竭力避免的失态行为。

不失言：听到气话，感情冲动，就很容易失态，最直接的表现就是容易失言。所以，当你听到气话的时候要保持冷静，多想想对方为何会出此言。

不失礼：当听到气话的时候，很多人很容易冲动、失态、失言、失礼。社交场合，即使与对方有语言上的冲撞，都是一种极为失礼的表现。所以，此时对于那些能够引起你发作的气话要有一个正确的对待态度，要学会控制你自己的感情，不能感情用事。这样，你的个人修养与风度才能得以体现，这也是一个人在社交场合表现成熟的证明。

其实，当恶言向你进攻的时候，你何不这样思考呢：这正是考验你心理素质和应变能力的最佳时机，而且也正是你施展才华，一显身手的时候。倘若你能够冷静面对，坦然处之，以积极的态度正确对待，必将会获得人们的大声喝彩。为什么不这样去做呢？

第三章　与人交往的智慧

将心比心：用心交往是最重要的

　　小学语文课本里有一篇文章叫《将心比心》，里面讲了这样一个小故事：一次，作者的母亲去商店，走在她前面的一位妇女推开沉重的大门，一直等到她进去后才松手。当母亲向她道谢时，那位妇女说："我妈妈也和您的年纪差不多，我只是希望她遇到这种情况时，也有人为她开门。"

　　人际交往中什么最重要？心最重要，用心交往是最重要的。你要用心来看对方的心，看对方最需要什么。

　　一个男孩在生日那天收到了爷爷的礼物，那是一只可爱的小乌龟。男孩很喜欢它，总是试着与它玩耍，然而小乌龟却害羞似的一下子把头和脚都缩进了壳里。男孩便用棍子捅它，想把它的头从壳里赶出来，但小乌龟却丝毫不动。爷爷看到了男孩的举动，语重心长地对他说："孩子，不要这样对待小龟，你要学着将心比心啊。假如你的伙伴也这样对你，你还愿意跟他玩吗？"还没等男孩说话，爷爷已经把小乌龟抱进了屋里，放在了暖和的壁炉旁。不一会儿，小乌龟觉得暖和了，伸出了头和脚，并缓慢地向男孩爬去……

小乌龟和人一样，也需要温暖。在人际交往中，只有拿出将心比心的善意、真诚和热情，使别人获得温暖后，自己也才能在相互的交流中温暖起来。

有这么一则寓言：一把沉重的铁锁挂在门上，有一个人拿着一根铁棒去敲打它，不管用怎样的力气都打不开。这时另一个人来了，他拿出一把小小的钥匙，往锁孔里一放，"咔嚓"一声，锁就开了。等别人都走了，迷惑不解的铁棒问小钥匙："为什么我用那么大的力气都打不开的锁，你轻轻一下就可以打开呢？"小钥匙的回答是："因为我懂得它的心。"

是啊，人与人之间的交往永远如此。"懂得它的心"，多么简单的字眼，却蕴含了无比深刻的涵义。

给人一盏灯，照亮的是两个人。将我心比你心，让宽容多于固执，让热忱多于漠然，幸福的或许是一群人。如果说"雪中送炭"尚需耗费你的财物，那将心比心往往仅需一个眼神、一个词语或一个动作足矣，却比雪中送炭更显得温馨和自然。

将心比心，只希望你在公共汽车上能为别人的父母、老人让一下座，在马路上遇到别人的孩子摔倒时帮着扶一把……

"老吾老以及人之老，幼吾幼以及人之幼。"将心比心其实很简单，它像苹果落地那样自然，它虽是一种看不到、摸不着的精神上的东西，但却真真切切地温暖了每个人的心。

要想建立良好的人际关系，要想形成良好的人际交往模式，知己知彼最重要。我们不仅要了解对方的文化心理和社会成长背景，自己还要充满信心，敢于主动跟人交往。同时还要在充满

71

自信的前提下,以开放的心态跟人交往,这是我们成功的人际交往过程中最重要的因素。只有这样,才能叩开人际交往的这扇大门。

人际交往要充满自信

一个中国男人身高一米五三,我们会开玩笑叫他二等残废。但如果是一个身高只有一米五三的德国男人,我们立刻想到的一个词就是侏儒,除了这个词,没有其他办法形容他了。可是,著名的哲学家康德身高就只有一米五三。康德是一个又小又矮又丑的男人,但是上天没有辜负他。虽然他身高不够高,长相不够帅,但是学问足够大。到现在为止,只要提到德国,提到哲学,没有人可以绕开康德。

由此可以看出自信的来源:外表是其一,但是更多的是一个人的内涵。

菲律宾的外交家罗慕洛身高只有一米六三。在菲律宾,国民的身高普遍都不高,一米六三算中等偏上。罗慕洛作为一个外交官在参加联合国大会的时候,曾经和苏联代表团团长维辛斯基发生了激辩。罗慕洛在发言中讥刺维辛斯基的建议是"开玩笑",于是惹恼了维辛斯基,他非常轻蔑地对罗慕洛说:"你不过是个小国家的小人罢了。"罗慕洛的确是个子矮,但是他做出了许多高个子都无法做成且更具有轰动效应的事情。维辛斯基话音刚落，罗慕洛就跳起来告诉联大代表说："维辛斯基对我的形容是正确的。"接着他话锋一转："此时此地，把真理之石向狂妄的巨人眉心掷去，使他的行为检点些，是矮子的责任！"一席话赢得了大家热烈的掌声。

小泽征尔是世界著名的交响乐指挥家。在一次世界优秀指挥家大赛的决赛中，他按照评委会给的乐谱指挥演奏，敏锐地发现了不和谐的声音。起初，他以为是乐队演奏出了错误，就停下来重新演奏，但还是不对，他觉得是乐谱有问题。这时，在场的作曲家和评委会的权威人士坚持说乐谱绝对没有问题，是他错了。面对一大批音乐大师和权威人士，他思考再三，最后斩钉截铁地大声说："不！一定是乐谱错了！"话音刚落，评委席上的评委们立即站起来，报以热烈的掌声，祝贺他大赛夺魁。

原来，这是评委们精心设计的"圈套"，以此来检验指挥家在发现乐谱错误并遭到权威人士"否定"的情况下，能否坚持自己的正确主张。前两位参加决赛的指挥家虽然也发现了错误，但终因随声附和权威们的意见而被淘汰。小泽征尔却因充满自信而摘取了世界指挥家大赛的桂冠。

外表只能带给人一个初步的印象，但是自信源于内心，来源于修养，来源于理智，来源于内涵，将给人深刻的印象。

充满自信地交往使你更加富有效率，它能够使你胸有成竹并且有同情心地处理让人头疼的对话。在你面对不确定因素的时候它会给你舒适感，并且让你愿意接受新的理念。自信能让你做出可以带来可持续商业成果的事情。

交往的方式要与你的价值观一致，这样你就可以建立起自信。用你的价值观来建立起自信，你的价值观就是你最深的信仰，它们永远不会变。诚实正直，乐观，学习，家庭，获胜——这些都是价值观。不少人共同分享某些价值观，但每个人都有他或者她自己独一无二的价值观体系。

有价值标准使你具有了积极正面的思维状态。知道你的价值观是什么，将赋予你做出明智选择的自信。每次要做出选择的时候就使用它，这会增加你的自信，而这反过来又会巩固你的价值观。相反的情况也是这样。当你以与你的价值观冲突或者是违背你价值观的方式行事的时候，你会感觉到不舒服，而且你的自信心也会畏缩了。

当面临选择的时候，我们经常是集中精力于得到某个具体的结果，这样我们有时候就会以理智化的办法来避开我们的价值标准。很少有人坐下来说，"我有这些选择——那我的价值标准是什么？"拿出一些时间，写下你认为最重要的5或6个信念——那些界定你是谁的不容置疑的信条。下次你因为某个决定而觉得胃里不舒服的时候——那种你在试图劝自己做某件事情的感觉——你就把这单子再看一遍。做出的决定要与你的信念相一致，然后体会一下自信心发生了什么变化。

与人相处的基本原则

德国有一句谚语："最纯粹的快乐，是我们从那些我们的羡慕者的不幸中所得到的那种恶意的快乐。"换句话说："最纯粹的快乐，是我们从别人的麻烦中所得到的快乐。"是的，你的一些朋友从你的麻烦中得到的快乐，极可能比从你的胜利中得到的快乐大得多。

因此，我们对于自己的成就要轻描淡写。我们要谦虚，这样的话，永远会受到欢迎。不要在别人面前大谈我们的成就，这样只能使别人不耐烦，我们要鼓励他们多谈谈他们自己才对。试着去了解别人，从他的观点来看待事情就能创造生活奇迹，使你得到友谊，减少摩擦和困难。

如果你对自己说："如果我处在他的情况下，我会有什么感觉，有什么反应？"那你就会节省不少时间。而且，除此以外，你将大大提高你在做人处世上的技巧。

试着忠实地使自己置身于他的处境。记住，别人也许完全错误，但他并不这样认为。因此，不要责备他。别人之所以那么想，一定存在着某种原因。查出那个隐藏的原因,你就等于拥有解答他的行为、他的个性的钥匙。

一次中午,查尔斯·史考伯经过他的一家钢铁厂看到几个工人正在抽烟,而在他们头顶上正好有一块大招牌,上面写着"禁止吸烟"。史考伯没有指着那块牌子责问,"你们不识字吗?"他径直朝那些人走过去,递给每人一根雪茄,说,"诸位,如果你们能到外面去抽这些雪茄,那我真是感激不尽。"工人们立刻知道自己违反了工厂的规章制度,但老板却没有责怪他们一句话,反而给他们每人一件小礼物,这使他们感觉到自己很重要。

很多成功者都会应用这一技巧。他们在开始批评之前,都先真诚地赞美对方,然后一定接句"但是",再开始批评。例如,要改变一个孩子读书不专心的态度,我们可能会这么说:"约翰,我们真以你为荣,你这学期成绩进步了。'但是',假如你的数学再努力点的话,就更好了。"那些对直接的批评非常愤怒的人,间接地让他们去面对自己的错误,会有神奇的效果。

与人相处的基本原则:

1. 倾听对方——互相理解的前提

理解别人或让人理解自己的前提是相互了解。对青年人来说,发展人际关系,首先要有与对方结成和发展人际关系的愿望。交往中,要认真听取对方的谈话,真诚地表现出你对他的谈话有极大的兴趣。是否认真听对方的谈话,常常影响人际关系,这就是倾听的艺术。

2. 记住对方——互相关心的原则

对于交往不多的人,记住对方的名字及有关情况,是向对方表示关心的一个好办法。有许多伟大人物受到广泛的爱戴,除了他们的政治才能、思想品格外,在交往中,倾听对方、记住对方也是重要的一面。

3. 平等待人,相互信任,相互尊重

平等就是尊重。在人际交往中要想取得互相理解,首先要互相尊重,包括对别人人格的尊重、对别人能力的尊重、对别人秘密的尊重。

4. 互相理解是处理人际关系的最基本的原则

理解与关心,信任与尊重既不相同又不可分割。互不理解、互不关心、互不信任、互不尊重,都会造成人际隔膜。不理解常常产生于不了解,理解又是互相信任、关心的基础。人们一般更希望向理解自己的人诉说衷肠,倾吐秘密,理解是一种更高层次的尊重。

第四章　认识沟通很重要

打开沟通的门

　　沟通无处不在，无时不在，无论是在家里或是工作中，都会存在沟通。

　　沟通是人与人之间进行信息交流的必要手段，每一个人都离不开沟通。销售人员要推销自己的产品，就要与客户进行有效的沟通；管理者为了更好地做好上传下达，需要进行良好的沟通；对售后服务人员来说，良好的沟通就是你处理客户关系的关键武器。在生活中，父母同样需要和孩子进行有效的沟通，才能更有助于孩子的成长；夫妻之间也需要良好的沟通，才能增进彼此的感情；另外，婆媳关系、朋友关系等都需要良好的沟通。

　　有些人无论在生活中，还是工作中，人际关系都处理得非常和谐，就是因为他们掌握了有效的沟通技巧。沟通是一门学问、一门艺术。良好的沟通技巧能让你与对方产生很好的感情，让你得到你想要的信息，增进双方的了解，让双方在一种心情舒畅的过程中达成共识。

　　不要以为在沟通时不隐瞒、真实地表达就行了，或者是话语多、会说话就可以了,当然我们如果不以诚相待就根本谈不上良性沟通,真知灼见合理碰撞时也会有不欢而散的时候。

沟通,除了知其讲话的本意外,还要知其所以然。一般人以为能言善辩或擅于察言观色就是好的沟通,其实不然,沟通者还要懂得倾听对方的观点。每个人都有表现欲,你若两眼注视着对方、不时地点首微笑、偶尔插话相附和,效果比各抒己见要好得多。只有根据不同的人找出"共同语言"的结合点,投其所好方能广结人缘。比如一些喜欢重结果不重过程的领导,我们推销以谈结果为主;对注重过程的领导,我们推销就得按部就班地汇报每个过程。两者若颠倒一下就不行了。同理,对不同学历、不同地位的人的沟通也应相应地"对症下药"才行。

你既要有个性化的表达和沟通,又必须掌握许多有共同性的沟通方式与技巧。

1.选择积极的用词与方式

在保持一个积极的态度同时,沟通用语也应当尽量选择体现正面意思的词。比如说客户,常用的说法是"很抱歉耽误您这么久"。这"抱歉耽误"实际上在潜意识中强化了对方"耽误"这个感觉。比较正面的表达可以是"非常感谢您耐心听我这么长时间的介绍"。

2.擅用"我"代替"你"。擅用"我们"代替"我"

比如,"请问,我可以得到一张您的名片吗?""我们想要你到哪个单位去,这是公司目前最需要的安排。"语言表达技巧是一门大学问,语言讲话其实是你心智的反映,我们说话的语言格局要高,有些人恰恰不懂得这些,沟通不人性化。不要认为只有口头语才能让人感到亲切。我们对表达技巧的熟练掌握和娴熟运用，可以在整个交流过程中体现出最佳的形象。

3.针对不同的沟通对象采取不同的沟通态度

如上司、同事、下属、朋友、亲人等，即使是相同的沟通内容，也要采取不同的声音和行为姿态。其实，很多时候对一个事情的判断，并不能简单地以应该不应该和好不好来区分。你什么时候做这件事，把这件事做到什么程度，会直接影响到这件事的本质。要特别强调做事的分寸，"过"和"不及"都是要尽量避免的。我们提倡仁爱、提倡真诚友好的沟通，并不是要大家丧失原则地去宽容所有不友好的人和事。

4.沟通中要肯定对方的内容。

这可以通过重复对方沟通中的关键词，甚至能把对方的关键词语经过自己语言的修饰后，回馈给对方。这会让对方觉得他的沟通得到您的认可与肯定。

5.沟通中的聆听

聆听不是简单的听就可以了，需要你把对方沟通的内容、意思掌握全面，这才能使自己在回馈给对方的内容上，与对方的真实想法一致。在沟通中不等对方把话说完，就急于表达自己的想法是不对的。

6.沟通中的"先跟后带"

无论什么职业或者是任何部门，都可以使用这种技巧。"先跟后带"是指，即使你的观点和对方的观点是相对立的，在沟通中也应该先站到对方立场上去感受他的观点，并且要认同他所说的，然后再通过你的语言和内容的诱导抛出你的观点，把对方的立场转变到你的思维方式上来,化被动为主动。

沟通是一种自然而然的、必需的、无所不在的活动。通过沟通可以交流信息和获得感情与思想。在人们工作、娱乐、居家、买卖时,或者希望和一些人的关系更加稳固和持久时,都要通过交流、合作、达成协议来达到目的。

掌握低成本的沟通技巧、了解如何有效地传递信息能提高人的办事效率,而积极地获得信息更会提高人的竞争优势。好的沟通者可以一直保持注意力,随时抓住内容重点,找出所需要的重要信息。他们能更透彻了解信息的内容,拥有最佳的工作效率,并节省时间与精力,获得更高的生产力。

沟通与人际关系两者相互促进、相互影响。有效的沟通可以赢得和谐的人际关系,而和谐的人际关系又使沟通更加顺畅。相反,人际关系不良会使沟通难以开展,而不恰当的沟通又会使人际关系变得更坏。

在当今这个高速发展的信息时代,随着传播手段的日益现代化,社会竞争日趋激烈,以及人与人之间关系和交往的密切,在社会生活的各个领域,沟通能力的大小越来越起着举足轻重的作用。一个人与人沟通的能力如何,常常被当作考核这个人综合能力的重要指标,一个人的发展成功与否也往往由此所决定。

处理好沟通中的消极心理

　　两只乌鸦在树上闲聊,聊着聊着,因为某句话引起了分歧,于是它们开始争吵。两只乌鸦越吵越厉害,彼此互不相让,随着争吵的白热化,一只乌鸦顺手拿起一样东西,向另一只乌鸦打去。"啪唧"一声,这只乌鸦砸过去的东西破裂了,里面流出了黄色的液体,扔东西的乌鸦顿时尖叫起来,原来自己打出去的是一只还未孵化好的蛋,这下两只乌鸦都傻眼了。

　　这个故事中之所以发生这样的结果,就是因为那只乌鸦的一时冲动,没能控制好自己的情绪而造成的。人作为高级动物,心理素质表现的更加丰富、全面。人是非常容易情绪化的,一个人的细微表情、肢体变化,都会反映出其心理状态。尤其是消极的情绪,影响力往往会更大一些,如果我们不能及时摆脱糟糕情绪的影响,那也应该懂得回避愉快的气氛,以免使自己的一张扑克脸让人把你划入到另类阵营。当你在沟通中遇到糟糕事情,产生了消极心理或者情绪,最好是立即把它处理好,避免让其继续蔓延,那样非常不利于接下来的交流和沟通。

具体来说,我们需要注意沟通中的以下心理或者情绪因素:

其一,胆怯。

有胆怯心理的人往往不敢与人沟通,其交际范围仅限于很小的朋友圈子。他们认为自己是没有能力、不受欢迎的,人一旦形成这样的消极心理,就会在行动上有意或者无意地表现得让人很难接近。

在与他人沟通时,缺乏自信、觉得自己"不行"、害怕自己的意愿不被人接受的人,通常会在这种消极心理的暗示下,表达失去逻辑,说话缺乏层次,这样的话会给沟通带来阻碍和困扰。针对这种情况,你应该注意培养自信心,学会开朗与乐观地面对别人。这样,你就不会再害怕与人沟通,也不会在别人面前胆怯、退缩了。

其二,冲动。

人如果有了冲动心理,做事就很容易不经大脑思考,不考虑最后的结果,这样很有可能会为此付出惨重的代价。遇到沟通不顺畅的情况,冲动心理会让沟通变得更加艰难,甚至举步维艰。针对这种情况,我们应该学会冷静与理智地面对,以此来解决沟通不畅的情况,从而使其顺利进行下去。

其三,怀疑。

真诚是人与人之间沟通的基础。如果你在沟通的过程中存在这样的心理:对对方抱有怀疑或否定态度,不相信别人说的话,或者觉得别人的表情很虚假,你应该及时纠正过来。否则的话,你会把自己也同样流放到一个虚假的世界里,阻断与他人之间的交流,而你自己也会在不自觉间表现出虚假。这样做的最后结果就是,破坏沟通,使其难以顺利进行下去,严重影响人与人之间的交流。

　　每个人都希望得到别人的真诚相待。要想别人真诚待你,你就应当首先主动真诚地去对待别人。不怀疑、不猜忌,真诚友善地对待自己的沟通对象。这样做的话,别人通常也会以相同的态度来待你。

　　其四,嫉妒。

　　嫉妒是对才能、名誉、地位、境遇等比自己好的人心怀怨恨,这是一种不健康的、病态的心理。嫉妒中的攻击性行为,如造谣、中伤、谩骂、恶作剧、告状等,对人与人的关系起着十分恶劣的破坏作用。嫉妒是一块厚厚的屏障立在沟通的道路上,它会弱化你对别人的欣赏,将自己放置在与别人对立的立场上,以这样的心态为前提,就无法开展平和的沟通。而你嫉妒否认的人很可能会是你人生路上的导师、助手。放下嫉妒的心,请以一种欣赏的眼光、积极学习的态度和优秀的人做朋友。

　　其五,自满。

　　进行互相沟通的双方应该是平等的。因此,你不能以骄傲或者盛气凌人的态度与人交流,那样会引起对方的反感。非常不利于建立良好的人际关系。愉快地沟通离不开谦逊和平和的态度,而骄傲则是大忌。我们应该注意这一点,以此来更好地与人交往。

沟通是人际交往的重要桥梁

石油大王洛克菲勒说:"假如人际沟通能力也是同糖或咖啡一样的商品的话。我愿意付出比太阳底下任何东西都珍贵的价格购买这种能力。"由此可见沟通的重要性。因此,我们应该在日常生活和工作中,注意培养自己的沟通能力,建立和谐的家庭关系、融洽的朋友关系、真诚的上下级关系以及同事关系。良好的沟通就是实现这一切的基础,它能为我们赢得更好的人际关系,铺垫成功的基石。

沟通在我们的交际中具有重要的作用。我们通过沟通了解对方的想法,相对应的做出恰当的回应,使彼此之间的利益达成一致,融洽交际氛围。如果沟通不畅,就如血管栓塞,其后果是可想而知的。

有这样一个小故事:

森林里的老虎和狮子一直相安无事,各自为王。然而某一天,森林里突然传来了它们相互争斗的声音,两者斗得不可开交,谁也不愿意让步,最后两败俱伤。

最后，奄奄一息的老虎对狮子说："如果不是你非要抢我的地盘，我们也不会弄成现在这样。"狮子惊愕地说："我从未想过要抢你的地盘。我一直以为是你要侵略我，你从来都没和我交流过！"

狮子和老虎因为一个莫须有的理由就大打出手，最后险些酿成悲剧，主要就是缺乏交流和沟通的结果。如果它们之前沟通一下，了解对方的意愿，结局会截然不同。

沟通是人际交往的重要桥梁，它让我们了解彼此的心意，达成共识。我们要和家长、朋友、老板、同事、司机、小贩等各式各样的人交往。如果事先不进行沟通，鲁莽行事，都会造成误解、隔阂，对事情的顺利开展造成阻碍。

沟通是人与人之间交往的桥梁，通过这个桥梁人们传达自己的想法，交流各自的意愿，所以沟通是相当重要的。生活中没有沟通，就没有和谐；事业中没有沟通，就没有成功；工作中没有沟通，就没有机会。

春秋时期，孔子和他的弟子一起周游列国，游说讲学。路上经过一个小国，因为国内大旱，遍地饥荒，几乎没有任何食物可以充饥。大家都饿得头昏眼花，于是，颜回让众人休息，他亲自去附近的另一个小国买回了食物，并且忍着饥饿给大家做饭。

不消片刻，米饭的香味就四散飘出，饥肠辘辘的孔子禁不住饭香的诱惑，就缓步走向厨房，看看饭是否已经好了。不料孔子走到厨房门口时，只见颜回掀起锅的盖子，看了一会，便伸手抓起一团饭来，匆匆塞入口中。孔子看到颜回的举动，心中顿生一股怒气，想不到自己最钟爱的弟子，竟然偷吃饭！

打开你心中的窗

颜回双手捧着一碗香喷喷的白米饭端给孔子时，孔子正端坐在大堂里，沉着脸生闷气。

孔子看到颜回手中的米饭说道："因为天地的恩德，我们才能生存，这饭不应该先敬我，而要先敬天地才是。"颜回说："不，这些饭无法敬天地，我已经吃过了。"孔子心生不快，生气地说："你既知道，为什么还自行先吃?"颜回笑了笑："我刚才掀开锅盖想看饭煮熟了没有，正巧顶上大梁有老鼠窜过，落下一片不知是尘土还是老鼠屎的东西，正好掉在锅里，我怕坏了整锅饭，赶忙一把抓起，又舍不得浪费那团饭粒，就顺手塞进嘴里。"

听到此处，孔子恍然大悟。原来有时连亲眼所见的事情也未必就是真实的。真实，只靠臆测就可能造成误会。于是他欣慰地接过颜回捧给自己的饭。

从这个小故事中，我们可以看出沟通的重要性。如果颜回没有和孔子及时沟通，那么孔子就很有可能会错怪颜回，并且对他失望，认为他是一个行为不端之人，而颜回自此也就不能得到孔子的厚爱，这样的结果对谁都不公平。由此可见，人与人的交流和沟通如果不及时、不顺畅，就不能将自己真实的想法告诉给对方，很有可能造成误解。在我们的生活当中，有许多问题都是由于沟通不当或缺少沟通而造成的，结果会不可避免地导致误解。

在生活中，沟通可以增进我们和家人、朋友、亲人、邻居的感情，缩短心与心之间的距离。在工作中，沟通能够加强上下级之间的合作，增进同事之间的了解，从而提高整体的工作效率。

无论你在生活中扮演着什么样的角色，无论你在工作中处在什么样的职位，在相应的人际互动中，沟通始终起着关键性的作用。沟通是一个人取得成功的最重要因素，其重要性甚至超出了个人的能力。著名的作家萧伯纳曾经说过，"假如你有一个苹果，我有一个苹果，彼此交换后，我们每人仍只有一个苹果。但是，如果你有一种思想，我有一种思想，那么彼此交换后，我们每个人都有两种思想。甚至，两种思想发生碰撞，还可以产生出两种思想之外的其他思想。"任何人的知识、技能、直接经验都是有限的，只有凭借沟通来获得别人的宝贵经验，才能扩展自己的视野，适应不断变化的外部世界。

尊重是有效沟通的关键

尊重他人就是维护别人的自尊心，尊重他人是一种高尚的美德，也是个人内在修养的外在表现。尊重更是与人沟通的第一步，没有尊重，沟通就难以进行下去。试想一下，谁会愿意和一个不尊重自己的人交流呢?常言道:送花的人周围满是鲜花,种刺的人身边都是荆棘。你如何对待别人,别人也会如何对待你。人们在人格上都是平等的，这种平等决定了不能把自己的意志强加于人。而是要懂得尊重别人的意愿。

有个小孩在学校一个朋友也交不到，因为他对待同学总是缺少礼貌,比如,他经常给同学起绰号。在课外活动中,他常常抢别人的东西,如有不同意的他就恶意谩骂对方;课堂上他经常顶撞老师,欺负周围的同学。

时间长了,小孩被大家孤立起来,谁也不愿意和他多讲一句话,他非常烦恼。后来,老师把他领到一个山谷中,老师对着周围的群山喊:"你好,你好!"山谷也回应:"你好,你好!"老师又领着小孩喊:"我爱你,我爱你!"山谷也跟着喊道:"我爱你,我爱你!"

小孩惊奇地问老师这是为什么,老师说:"只有尊敬别人的人,别人也会尊敬他,这都是相互的。"小孩用力地点点头,终于明白了这个道理。

其实在现实生活中,有些人就像故事中的小孩,常常会有意无意做出不尊重他人的行为。比如说,打招呼用"喂""哎"这样的称谓;与人交谈时,只顾自己侃侃而谈不给对方插话机会;在听别人倾吐心事时,东张西望,心不在焉;与人讲话时,嘴里嚼着口香糖;说话不顾别人的感受,伤害对方的自尊,等等。这些都是不尊重他人的表现,这样的行为非常不利于沟通。当你有这样的举动时,别人就会把你拒之门外,不愿再和你交谈来往。

一个人的言行举止可以直接反映出他待人处世的风范和内涵。你在轻视别人、嘲笑别人的同时,你自己的人格也会遭到他人的否定。运用语言谩骂别人的人,必定会使对方产生厌恶之感,同时也会失去别人的尊重。良好的沟通关系应该是建立在彼此尊重的基础之上,人们在人格上都是平等的,尊重是一切正常交往的根本条件。只有在这个条件下,双方的沟通才能达到想要的结果。反之,任何失去了尊重为前提的沟通就不可能达到好的沟通效果。所以,我们必须学会尊重对方,然后才能在互动的过程中恰当提出自己的见解。

小崔是一家药品公司的销售人员,某个小药店的王先生是他的一个固定客户,小崔每次到这家药店里做业务时都会礼貌而热情地跟柜台的营业员寒暄几句,然后再去见店主。

有一天,他到药店介绍新产品时听到了一个坏消息,店主说:"你们公司的许多活动都是针对食品市场设计的。对我的小药店来讲没有什么好处,我不打算再买你们公司的产品了。"小崔听后失落地离开药店,他坐在公园里思量很久,最后决定回到店里说服店主。

走进店里的时候,他照常和柜台上的营业员打招呼,然后去见店主。谁料店主见到他很高兴,还向他多订了一些货。小崔对此十分惊讶,不明白店主的态度为什么会突然转变。店主看着满脸疑惑的小崔,指着柜台边一个男孩说:"你刚离开店铺,我的营业员就走过来对我说,你是唯一同他打招呼的药品销售人员,对每一个人都尊重的人,应该是值得合作的。"

从上面这个案例中,我们可以看到尊重的魅力。尊重他人会给沟通带来神奇的效果,而对别人缺乏尊重则会阻碍沟通效果,影响人际交往。我们要想赢得别人的尊重,首先就要学会尊重他人。沟通就像在跳交际舞,尊重他人也尊重自己,才能把舞蹈跳得完美。若彼此之间没有尊重,想建立良好的人际关系,几乎是不可能的。

尊重他人其实做起来并不复杂,甚至可以说是很简单的。比如,别人取得佳绩时的一句赞美是尊重;给失败的人以鼓励和支持同样是尊重,倾听对方的话,不随意插话打断是尊重;对同事以诚相待是尊重,对陌生人微笑示意也是尊重……

尊重他人是一个人良好修养的表现,是一种文明的社交方式,是顺利开展工作、建立良好的社交关系的基石。对家人的尊重有利于形成融洽的家庭氛围,对朋友的尊重有利于促使友谊长存。所以,我们要用尊重的心态和别人沟通,以此建立良好的人际关系。

在沟通中,尊重通常表现在一些细节上,但是其效果却是非常显著的。比如,有礼貌的轻轻敲门是尊重别人的表现,主人会微笑地打开门,请你进屋喝茶聊天。任何人的心底都有获得尊重的渴望,一般情况下,受到尊重的人会变得更加宽容、友好、容易沟通。因此,在交往中,我们要想获得别人和善友好的笑容,就要给予别人足够的尊重和重视。

沟通的力量，用舌头化解危机

　　沟通是人与人之间、人与群体之间思想与感情的传递和反馈的过程，以求达成思想的一致和感情的通畅。沟通是一个人获得他人思想、感情、见解、价值观的一种途径，是人与人之间交往的一座桥梁，通过这座桥梁，人们可以分享彼此的感情和知识，也可以消除误会，增进了解。

　　有效的沟通让我们高效率地把一件事情办好，让我们享受更美好的生活。善于沟通的人懂得如何维持和改善相互关系，更好地展示自我需要、发现他人需要，最终赢得更好的人际关系和成功的事业。

　　在当今这个高速发展变化的时代，沟通越来越受到人们的重视，一个人发展的成功与否往往由这个人的沟通能力决定。现代社会里的商品交换、商贸谈判、政治交往，都需要通过语言的说服与沟通来完成。

　　在一个寒冷的冬天，一个衣衫褴褛双目失明的老人，忍受着刺骨的寒风，可怜巴巴地跪在一条繁华的街道上行乞。他脏兮兮

95

的脖子上挂着一块木牌,上面写着:"自幼失明"。一天,一位诗人走到老人身边,老人便伸出手向诗人乞讨。诗人摸了摸干瘪的口袋,无奈地说:"我也很穷,但是我可以送你一样别的东西。"说完,他从兜里掏出笔,在木牌上写了几个字,起身告别了老人。

自那以后,老人得到了很多人的同情和施舍,可是他对此却大惑不解。不久,诗人与老人邂逅。老人问诗人:"你那天在我的木牌上写了什么东西呀?"诗人笑了笑,捧着老人脖子上的木牌念到:"春天就要来了,可我不能见到它。"诗人一抬头,看见老人的眼眶里包含着晶莹的泪花。

这就是沟通的艺术。聪明的人用甜美的语言让事实增值,愚蠢的人用糟糕的语言让事实贬值。

不同的人有不同的观点,不同的组织有不同的理念,不同的国家有不同的文化。正是由于这如此多的"不同",矛盾和误会不可避免。但是,聪明者总是用语言来化解隔阂,解决问题。愚蠢的人总是挥舞着拳头来使矛盾激化,制造事端。征服一个人,以至于征服一群人,用的往往不是刀剑,而是舌尖。

老孙要去与总经理争论,"我们虽然是工人,但是我们也是人,怎么能动不动就加班,连个慰问都没有!年终奖金也没有几个钱。"老孙出发之前,义愤填膺地对同事们说,"我要好好训训那个自以为是的经理。"

"我姓孙,和经理约好的。"老孙对经理秘书说。

"是的是的,经理在等您,不过不巧,有位客户临时有急事找经理,麻烦您稍等一下。"秘书客气地把老孙带到会客室,请他坐下,又堆上一脸笑,"您是喝咖啡还是喝茶?"

"我什么都不喝。"老孙小心翼翼地坐进大沙发。

"总经理特别交代,如果您喝茶,一定要泡上好的龙井。"

"那就茶吧!"

不一会。秘书小姐端进连着茶托盘的盖碗茶,又送上一碟小点心:"您慢用,总经理马上出来。"

"我是老孙,你没有弄错吧!"

"当然没有弄错,您是公司元老,经理经常说起你们最辛苦了,一般同事加班到八点,你们得忙到九点,实在心里过意不去。"

正说着,经理已经大跨步地走出来,跟老孙握手:"听说您有急事?不好意思我来晚了。"

"其实,也……也……也没什么大不了的,几位工友叫我来看看经理您……"

不知道为什么。老孙那一肚子不吐不快的怨气,一下子全不见了。临走还不断对经理说:"您辛苦,您辛苦,打扰了!"

通过秘书小姐的沟通,在经理还没有出面的时候,问题就已经解决了一半。

事实上,在每个组织当中都不应当出现争执,只要我们能够善用沟通,能够用沟通化解隔阂。让彼此敞开心扉,即使对峙双方实力悬殊,能够通过言语沟通解决的问题何必以强凌弱呢?

1942年,美英两国决定不开辟第二战场,而开辟非洲战场,即"火炬计划"。为了表示诚意,丘吉尔亲自到莫斯科与斯大林会谈。

斯大林严厉地质问说:"据我所知,你们不想用大量的兵力

来开辟第二战场,甚至也不愿意用6个师登陆了。"

"的确如此,斯大林阁下。"丘吉尔诚恳地说,"事实上,我们有足够的兵力登陆,但是我们觉得现在在欧洲开辟第二战场还不是时候,因为这有可能破坏我们明年的整个作战计划。战争是残酷的,不是儿戏。我们不能轻易作出某一决策。"

斯大林的脸色更加难看了,厉声说:"对不起,阁下,您的战争观与我的不同,在我看来战争就是冒险,没有这种冒险的精神,何谈胜利?我真是不明白,你们为什么那么害怕德军呢?"气氛紧张起来。丘吉尔看到斯大林的态度如此坚决,为了打破令人窒息的气氛,只好转变话题,谈谈对德国轰炸的问题。经过这番谈话后,紧张的气氛有所缓和,斯大林的脸上也出现了一丝笑意。

丘吉尔认为现在是说出英美两国商定的"火炬计划"的时候了。于是说:"那么,尊敬的阁下,现在来谈谈法国登陆的事情吧,我是专门为这而来的。事实上,我认为法国并非唯一的选择,我们和美国人制定了另外一个计划。美国总统罗斯福先生授权我把这个计划秘密地告诉您。"

斯大林看丘吉尔一副神秘的表情,不禁对这个"火炬计划"产生了兴趣。丘吉尔简单地介绍了"火炬计划"的内容,斯大林很感兴趣,还谈了他对这个计划的理解和意见,丘吉尔表示赞同。

此时,虽然斯大林对英美推迟在法国登陆的事情不悦,但是气氛已明显缓和。丘吉尔又继续说:"我们还打算把英美联合空军调到前苏联军队南翼,以支援苏军。"这回斯大林的脸上才露出了满意的表情。至此会谈已是云开雾散。

打开你心中的窗

紧接着，丘吉尔顺水推舟，说到："现在我们三国已经建立联盟，我相信只要我们齐心协力，就一定能够取得胜利。"这样，斯大林最终接受了"火炬计划"。丘吉尔见斯大林心情不错，随即说："尊敬的阁下，您已经原谅我了吗？"斯大林哈哈一笑，说："这一切都已经过去了，过去的事情应该归于上帝。"

"一言可以兴邦，一言可以丧邦"，在解决国与国之间关系的外交领域，口才的重要作用主要体现在外交谈判以及化解经济、军事、贸易等重要冲突的外交斡旋中，对此，古今中外的远见卓识者和成功的政治家历来都给予了高度的重视。无不把高超的外交谈判和斡旋能力作为实现政治目标的首要手段。

这是一个沟通的年代，世界的主流是崇尚文明与发展的，当强国企图吞并弱国，战争迫在眉睫的时候；当自己国家的尊严受到伤害，被人无礼践踏的时候；当国与国之间发生利益纠纷。矛盾即将激化的时候。不是用拳头解决问题，而是用舌头来化解危机，这就是沟通的力量。

善于沟通才能获得成功的资本

古往今来,那些杰出的成功者大多是非常善于沟通的人。他们往往善于运用沟通的手段来为自己赢得更大的发展空间,从而使自己拥有更多成功的筹码。一个人要想取得成功,只靠专业能力显然是不够的,离开沟通这个有效途径,成功是无从谈起的。只有进行卓有成效的沟通,才能获得成功的资本。人生的成败除了专业技能,还取决于沟通能力。日常生活中,我们常常发现一些学识渊博、工作出色的人往往得不到领导的赏识,这在很大程度上源于他们不懂沟通。在能力相当的情况下,一个沟通能力更强的人自然会获得更多的机会。

不要忘记我们生活在群体之中,不管到什么时候,都离不开人与人之间的交往。沟通已经渗透我们生活、工作的各个角落。不善沟通或沟通无效是成功路上的最大障碍,给我们的生活和工作带来极大不便和困扰。比如:如果你不能和同事、下属进行适宜的沟通,那么你们之间就容易产生隔阂,工作就不能顺畅开展;如果你不能和上司进行良好的沟通,那么上司就可能对你产生偏见，就会影响你的前途；如果你不能和客户进行良好的沟通，你的工作就不会有成效。

同样的道理。在生活中，拥有良好的沟通能力可以使生活变得更加幸福、美满。反之，如果我们不能和家人进行良好的沟通，家庭生活就不会和谐快乐。

可以说，拥有良好的沟通能力是一个人生存必须具备的能力，拥有良好的沟通能力可以帮助我们维系好人际关系，拓展我们的视野。良好的沟通能力可以让我们及时了解一些信息和动态，可以促进我们开启成功之门。

前面说到沟通能力是个人取得成功的重要竞争力，拿工作来讲，遇到问题，如果我们及时与同事沟通，那么，工作效率将发生翻天覆地的变化。良好的沟通还能够促使我们和工作伙伴像朋友一样愉快相处，从而使工作变得更加轻松、有趣。反之，则会使想法得不到认同，计划得不到实施，工作也就变得磕磕绊绊，难以顺利进行下去。

章伟从一所名牌大学毕业之后，应聘到一家外资企业做电子营销工作。由于他的专业知识扎实，不久便被提拔为业务经理。

由于公司的老总去美国考察，一些事务暂由他负责。期间他要接待一些来自韩国的客户，那些客户准备与他们公司合作开发一种新产品，如果合作成功，就会为自己的公司带来不菲的利益，因此公司作了高规格的接待。在酒店里，章伟代表公司为韩国客户接风洗尘，但是由于章伟不懂韩语，再加上跟随的翻译对那些客户也没有做过多的引荐，章伟在整个过程中说话很少，与

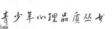

对方的沟通基本上就那么两句。

午宴的过程中,韩国客户问了一些与工作无关的话,旨在通过这样的交流,增加彼此的了解和感情。但是,章伟只是勉勉强强地回应了几句,并不愿意与对方多讲几句话,整个午宴在乏味与沉闷中结束了。

结果,韩国客户取消了此次合作计划。因为他们非常不满意章伟的态度,觉得从与他的简单交流中,感觉不到其合作诚意。事后,章伟虽然没有被公司辞退,但被免除了经理的职务。而这一切,仅仅是因为章伟那蹩脚的沟通能力所导致的。

章伟不愿意和那个客户进行沟通,也许是出于语言沟通的障碍,也许是出于自己的喜恶,但最终他没有为自己垫起成功的基石,令人感到傲慢的态度把他自己的前途引向了绝境。纵观这一案例,我们不难看出沟通的决定性作用。章伟正是因为缺乏良好的沟通能力,没能架起成功的桥梁而错失合作良机。

现代社会,沟通是相互了解的途径,也是建立相互尊重、友好合作关系的关键。缺乏这一能力,很有可能会丧失合作机会,甚至导致人生失败。你我都不是生活在孤岛上,只有与他人保持良好的沟通关系,才能获取自己所需要的资源,才能获得成功。沟通是人们获取信息的重要途径,是衡量情商水平的重要尺度;是衔接智商和情商的重要手段,是人们以智商为基础,是迈向成功的桥梁。要知道,现实中所有的成功者都是擅长人际沟通、珍视人际沟通的人。只有主动、善于沟通才能为自己搭建一个施展才华的舞台。

最佳执行力离不开管理沟通

有关研究表明，管理中70％的错误是由于不善于沟通造成的，沟通能力在管理中很重要。沟通是解决一切问题的基础，沟通不是万能的，但没有沟通却是万万不能的。

玫琳凯化妆品的创始人玫琳凯女士说："企业就是要通过人与人之间的沟通达成友爱与和谐。"这就是她成功的秘诀！她对言语沟通和人际关系的重视都来源于她的工作经验。

玫琳凯女士办公室的门总是敞开的，从来不曾关闭，很多人不理解。

有一次，一位客户实在很好奇，就问她："别的公司总经理的门总是关闭的，为什么只有你的门是永远敞开的呢？"

玫琳凯女士嘴角扬起了微笑，她说："我的门是永远向我的员工和客户敞开的，我随时欢迎我的员工来给我提意见，随时和他们保持沟通，我的门不是办公室的一堵墙，它不会使我们隔开，我们是一体的。"

这就是玫琳凯公司独具特色的沟通技巧，即"开门原则"。这个原则强调的是公司内部上级与下级之间、同事之间的沟通，大家彼此都不会设防，而是真诚地进行交流。可以想像，开着门人们会随时跑进来，打断你的工作。但是玫琳凯认为，重要的是人们知道可以来找她讨论任何重大的问题。她愿意公司的每一个员工，无论是小姑娘还是老头都可以按照自己的意愿随时来看望她，向她诉说他们的抱负和梦想，诉说对公司的抱怨，更好地促进彼此的交流和沟通。

作为管理者，要对事实或感受作正面反应，不要有抵触情绪。比如，我们在管理层的工作中说："麻烦你能否多告诉我一些关于×××的事情？"或是"我了解您的难处。"总比说："喂，我正在工作，没时间"或"这不是我份内的事"要好得多。掌握好每一次的交流机会，因为很多时候你可能因为小小的心不在焉而导致你与别人距离的疏远。

比起你的想法，人们更想听到你是否赞同他们的意见。一定要记得"别人的不足才能体现出你的价值"，好多人在抱怨和部门之间的沟通无法进行，根本不听你说的话，但是你别忘了自己本身也没有听别人的话！你可以给出你的全部意见，以表示出你在倾听，并且去赞同别人的处境及想法，然后加以修饰性的改正。

管理者还应记住，别人说的和我们所听到的可能会产生理解上的偏差！我们个人的分析、假设、判断可能会歪曲我们听到的事实。为了确保你真正了解，有些时候我们可以这样去说："我理解的合适吗？"如果你对某人说的话有情绪反应："我可能没有完全理解您的意思，我是以我自己的方式来理解的，真

打开你心中的窗

不好意思。"有时候即使你有情绪但是你赞同别人,并且话语比较婉转,可以推延时间,能将气氛和场景转变过来,因为你也给对方一个思考的空间和时间,并且为自己争取到了主动的机会。

坦白承认你所带来的麻烦和失误也有必要。做事要承诺一个期限。如果你需要别人的协助,就用你的活力及精神去影响他们。如果我们做了一些事情影响到客户并给他们带来麻烦,就必须主动而且热情地去解决这些问题,用我们的诚恳和态度改变这个不好的事实。

用你的热情影响你的下属,他们就不会改变和失控。在这个混乱的世界里,这可以使我们平庸的生活变得更温馨。所以如果您在某人的周围,或者您需要他为自己做些什么,尽可能地告诉他您在什么时候需要什么帮助。如果可能的话,也告诉他您也非常想协助他把事情做好。

边听边琢磨。好多人认为他们的听力很好,但事实是大多数的人根本就没听,他们只是说,然后想下一步该说什么。倾听意味着提出好的问题,排除杂念,比如下一步该说什么、下一个该见谁。如果有人话里带刺,是因为他的心里隐藏着恐惧,他们想要你做的只是真实、友好的交谈。

每个人每天都在反复地与人沟通,管理者更是如此。畅通无阻的上下沟通,可以起到振奋员工士气、提高工作效率的作用。随着社会的发展,人们开始了由"经济人"向"社会人"、"文化人"的角色转换。人们不再是一味追求高薪、高福利等物质待遇,而是要求能积极参与企业的创造性实践,满足自我实现的需求。良好的沟通,使职工能自由地和其他人,尤其是管理人员谈论自己的看法和主张,使他们的参与感得到满足,从而激发他们的工作积极性和创造性。

家庭和睦离不开亲情沟通

　　你要永远记住,父母永远是同你在一起的,无论是在记忆中还是在感情上。

　　在你开始独立生活之前,你和父母生活在一起。那就在你们的用心交谈之中,父母讲话时用心倾听,脑中回想你认为自己听到的话。然后站在他们的角度想想,也把自己的事告诉父母,让他们也能站在你的立场为你想一想。如果他们没有听清楚,或者没有弄明白你所说的,可以问:"你认为我说了些什么?这样我就知道你听懂了没有。"你可能想给自己的讲话来个开场白:"我在这几年有了一些新的经历,我现在想同你们谈一谈我的想法和感受。这样你们就能更好地了解我了。"

　　父母都很爱自己的孩子,他们把子女放在很重要的位置上。你的父母肯定会有兴趣了解你的生活,也会因为你给予他们了解你真实的自我的机会而感动。一旦你同父母之间的关系变得真实,你就会轻轻松松走出那个我们习惯于永远是孩子的角色。相反,你的父母会看到你的另一面,一个已经长大的你,这对你

107

们双方都有好处。通过父母与子女之间的倾心交谈,虽然双方并不能完全了解对方的一切思想和行为,但亲情的纽带会更牢固、更紧密。

如果对父母无礼,必然是大不义。懂得了这些,在面对父母的过错时就不会再有任何怨言。做子女的要与父母相处,应该做到以下几点。

首先,要以不伤害父母为前提。你不妨在家人聊天时问问父母,他们像你这么大的时候,他们有些什么想法和愿望?他们的父母容许他们做什么,不容许他们做什么?他们是如何争取更多的自由的……父母在回忆自己少年往事的时候,一般会很自豪,在不知不觉中放下家长的架子与你敞开心扉。这时,他们更容易理解你目前的经历和感受,认真考虑你独立的要求,甚至向你作出妥协和让步。

天下无不是之父母。其实。父母的见解和意见不一定全都是对的,他们也会犯错误。对父母的建议或意见有不同的看法时,应坐下来同父母好好商量、讨论,而不要固执己见地认为自己的观点正确,对父母的观点全盘否定,更不能与父母争执或争吵,说出不讲理的话顶撞父母。在追求自我的同时,我们不应忽视父母的意见和指导。尽管我们感到自己长大了、成熟了,已经有足够的能力自做主张。但是,事实上,还有许多事情是我们目前的年龄所无法把握的。承认这一点,并不意味着你缺乏主见。

其次,对父母的缺点要委婉地劝说。发现父母的缺点不劝说是不对的,劝说方法不当也是不对的。劝说父母时,态度应温和,语气要委婉、诚恳。但是如果遇到脾气倔强的父母,不听子女的规劝,应该怎么办?在这种情况下,子女仍要对父母表示恭敬,耐心平和地说出自己的想法。如果父母不能改正错误和缺点,也不能心生怨恨。其实,父母是很愿意子女为他们提出意见和建议的,如果子女态度真挚诚恳、想法合理,父母一般都愿意接受和改正。

再次,多给父母一些信任你的理由。你可以从日常生活中的小事做起,比如,在家里主动分担一些家务,保证做得又快又好。尽可能多地照顾好自己的饮食起居,减轻父母的负担……如果父母发现,每次你都能很好地完成他们交给你的任务,那么,他们不但愿意多给你一些自己做决定的机会,而且还会对你的能力大加赞赏。只有你用自己的行动证明你有责任心,你有独立能力,你才会赢得父母对你的信任。

另外,不要以为父母跟自己的关系最亲近就忽视了礼节和尊重。对父母无礼是对父母最大的伤害。

父母对于我们生命的每一天都十分重要。有时候儿女们无论嘴上说如何不在乎,表现得多冷淡,其实都是很在意父母的,在意他们有什么想法和感受。

第五章　怎样说话有魅力

改变说话的语气

人都有一种自重感，都爱面子。有一些人明知道自己错了，也要强争三分理，尤其是在他们认为自己正确但其实并不正确的时候，更会坚持不让。还有一些人，自高自大，或者戒备心理很强，听不进去别人的意见。要说服这样一些人，就要学会改变说话的语气。

在开始谈话的时候，要让对方提出谈话的目的或方向。如果你是听者，你要以你所要听到的是什么来管制你所说的话。如果对方是听者，你接受他的观念将会鼓励他打开心胸来接受你的观念。

小王是做推销家用电器工作的。这一次他推销的是公司的新产品，就是可以快速把洗涤的衣服弄干的机器。

当他上门对一位太太进行推销时，在他讲解产品说明后，看到客户还没有购买的意思，于是他就改变了自己的说话语气。

"太太，您什么时候洗衣服啊？"

"下班之后，或在早上很早的时候。"

"哦!那真辛苦,您把衣服晾在外面吗?"

"因为怕下雨,只好都晾在家里面。"

"衣服晾在家里,像这几天阴雨绵绵,一天能干吗?"

"嗯,像现在这个季节,最少也要两天才干得了哦!"

此时,小王利用她抱怨的心态,进一步加强攻势:

"其实,只要您使用我们公司这种机器,保证30分钟衣服就可以干了。以后,无论您利用什么时间洗衣服,用不了多久就可以穿上干爽的衣服了。"

最终,小王的推销成功了。

在与人交谈中,把对方的话题和看法先承接下来,这样能够缓解对方的对立情绪,使他愿意听取你的意见。当他对你消除戒备心理时,你再话锋一转,改变原来的话题,进入你要与之交谈的主题,这样对方比较乐意接受。

表现出你的诚意吧,不过首先你必须让对方认为你同意他的观点。迎着这样的诚意,谈话就可以顺利进行了。

113

多多赞美别人

著名的心理学家马斯洛认为，荣誉感和成就感是人类最高层次的需求，也是本质的需求。当一个人取得了某些进步和成就的时候，他需要别人的承认和肯定，如果没有得到这些，他就无法享受到自己的成功。而当一个人得到别人的赞美的时候，他的态度会更加积极，从而更加努力，而他对称赞他的人也会产生极大的好感，并会主动通过一定的方式来对赞美自己的人予以回报。

许多年以前，有一个11岁的男孩在一家工厂打工。他有一个梦想，就是要成为一名歌星。可他遇到的第一位音乐老师却对他说："你唱不了歌，你的嗓音条件太差。"这让这个男孩很受打击。

男孩的妈妈是一个贫穷的乡村妇女，她搂着自己的儿子说，她相信他能唱好，并觉得他已经取得了进步。妈妈非常艰难地省下钱，送他去上音乐课。妈妈的鼓励，让这个孩子一生的命运发生了改变。这个孩子后来成为那个时代最伟大的歌唱家，他的名字叫恩瑞哥·卡鲁索。

在19世纪初期,伦敦有位年轻人想当一名作家。但他好像什么事都不顺利,他几乎有4年的时间没有上学,他的父亲因偿还不起债务而入狱,这位年轻人经常挨饿。最后,他找到一个工作,在一个老鼠横行的货仓里贴鞋油的标签,晚上在一间阴森静谧的房子里和另外两个男孩一起睡,他们两个人是从伦敦的贫民窟来的。他对他的作品毫无信心,所以他趁深夜溜出去,把他的第一篇稿子寄了出去,免得遭人笑话。一篇接一篇的稿子都被退回,但最后他终于被人接受了。虽然他一先令都没拿到,但编辑夸奖了他。他的心情太激动了,漫无目的地在街上乱逛,激动得泪流满面。

因为一个故事,他所获得的嘉许,改变了他的一生。假如不是这些夸奖,他可能一辈子都在老鼠横行的货仓做工。我们很多人一定听说过这个男孩,他的名字叫查尔斯·狄更斯。

欣赏和赞美不仅能改变人际关系、家庭关系,它还是缓解矛盾,应对危机,成就事业的重要技能,甚至是促进社会和谐安定的有效手段。

美国前总统林肯曾说:"当人们被赞美的时候,能忍受很多事情。"

洛杉矶的罗伯特先生对待家里的孩子从来不像一般家庭那样训斥,而是经常以赞许的态度来代替批评孩子的过失。对此,他曾这样说过:"我们决定用赞扬而不用批评、训斥,当我们见到他们做得并不好时,要赞扬他们是件很难的事。于是我们仔细找他们值得赞扬的事,这样,他们以前经常做的那些不好的事,就会渐渐减少,甚至消失了。他们开始按着我们的赞扬去做,后来以至于我们都不敢相信,他们会如此听话。虽然他们偶尔还会犯错,但比起以前来可就好得太多了。现在我们不用像以前那样操心了,因为他们做的大部分事情都是对的。这都是赞扬的作用,即使是赞扬他们一点点的进步,也要远远好于对他们的错误的训斥。"

孩子需要我们的赞美,尤其是在孩子的学习阶段,我们应该多多地鼓励他们,让他们有兴趣继续学习下去。当然成年人也需要赞美,赞美之词能拉近人与人之间的距离,促进一件事情的成功。

比尔·盖茨说:"假如你愿意激励一个人来了解他所拥有的内在宝藏,那我们所能做的就不只是改变人生,而是我们能彻底地改造他。"

这并不夸张。美国最杰出的心理学家威廉·詹姆斯说:"和我们内在的潜能比起来,我们就像是一半清醒的样子。我们仅仅发挥了身体内在潜能很小的一部分,人远远没有发挥到其极限,人的自身拥有各种能力,但大部分都没有开发运用。"

赞美的形式多种多样,可以用语言,也可以用动作,还可以用表情。善于赞美别人的人,总能发现别人的优点,找到最适宜的赞美方式。

万物皆有灵,也都需要鼓励,花草树木因为赞美而越发美丽茁壮,宠物们会因为赞美而跟主人越发亲近。就像渴望得到别人的尊重一样,得到赞美也是令人心情愉快的事情,任何人都不会嫌弃对方对自己赞美过多。所以,在与人交往时,一定不要吝啬你的赞美。

礼貌用语必不可少

如果有人问你："会说话吗?"你一定觉得很可笑。而实际生活中,确实有一些人不会说话。当然,这里指的不是聋哑人,即使是聋哑人,他们还可以用手语来"说话"。这里所说的是说出话来让人不受听的人。

人际交往中,人与人接触、联系,离不开语言。语言是一种极其重要的人类交际手段。大多数情况下,语言能调节人们的行为,激发美的情绪。

而语言的应用更多的是说话。常言道:"良言一句三冬暖,恶语伤人六月寒。"同样的一句话,却有不同的说法。有的人话出一杆枪,直来直去,刺人一个仰八叉;有的人嘴含一块糖,笑口常开,让人如见"弥勒"。前一种人会把事办砸,后一种人肯定会把事办成。

可见,精明的说话方式能起多么大的作用了。

那么,怎样的说话才算是精明的说话呢? 不管要说什么,首先,说出来的话都要文明、合乎情理和礼仪。

我国古代有一个"以礼问路"的故事,说的是有位从开封到苏州去做生意的人,一天走到离苏州较近的乡下迷了路,正在三岔路口上犹豫不定。忽然,他看见附近水塘旁边有一位放牛的老人,就急忙跑过去问路:"喂,老头!从这里到苏州走哪一条路对呀?还有多少路程呀?"老人听见有人问路,抬头看到面前站着一位三十多岁的人,因为他问路没有礼貌,心里头早已产生反感了。于是,随口答道:"走中间的那条路对,到苏州大约还有六七千丈远的路程。"那人听了奇怪地问:"哎!老头,你们这个地方走路怎么论丈而不论里呀?"老人说:"这地方一向都是讲礼(里)的,自从这里来了不讲礼(里)的人以后,就不再讲礼(里)了!"那人涨红了脸走开了。

这个故事是对不讲礼貌的人的嘲讽,也说明中华民族具有讲文明礼貌的传统美德。

某单位有两个年轻人住单位的集体公寓。两人也许都在恋爱阶段,经常很晚才回宿舍。其中一个后半夜回来了,总是一边敲门一边呵斥值班老人。一次,老人刚准备开门,门外的年轻人嫌老人动作慢,大声骂道:"我当你睡死了,叫了半天不见动静。"老人家听见后,收起钥匙便转身回屋睡觉去了。年轻人叫嚷了半天,老人故作听不见,就是不搭理,他只好在外面待到了天亮。另一个年轻人就有礼貌多了,每每经过门口,一定向老人打个招呼问声好。无论有多么要紧的事,到了门口都一定下车点点头。晚上回来,无论早晚,总是轻轻地叩门,"大爷大爷"甜甜地叫。每次,值班老人总是笑吟吟地快步把门打开。因为工作关系,这个年轻人有段时间每天都要很晚才回来。他首先想到的是老人家的睡眠，就和他商量："大爷，我天天打搅您，实在不好意思。要不您帮我配把钥匙吧？这样我回来时就不用吵醒您，您就可以好好睡觉了。"值班老人一听乐了，不停地说着谢谢，很快就给这个年轻人配好了新钥匙。

文明的、合乎情理和礼仪的话之所以让人爱听，是因为它使听者受到了尊重，感觉到自己存在的价值，从而也对对方产生信任感。你是否有过这样的体会：一个人对自己所拥有的感情，大部分是来自别人对自己所抱的感情延伸而来的。如果别人对你所说的话尽是不礼貌、刺耳的话，甚至是嫌弃你的话，你心里会很不好受，对自己也会丧失信心。

中国自古就是一个极为重视礼仪的文明古国，《易经·大壮卦》的象辞上说得很清楚："君子以非礼弗履。"意思是说，君子会通过一些符合礼仪的事情来征服别人。而礼貌是文明礼仪的一个方面，获得别人的尊重、肯定和赞赏，是每一个人潜意识里都十分渴求的事。

在一个高雅场所里，某地召开一个文化方面的会议。进会议室时，一个走在后面的先生给一位陌生同行拉开门请人家先走，那陌生同行昂首阔步过去，并没有道一声谢。那位先生稍感不悦，突然想开个玩笑，叫住那位陌生同行，说："您刚才说的什么？"陌生同行回头，一脸愕然。那人说："我还以为你说'谢谢'呢。"陌生同行木然！

有人说，礼貌不过是一种装饰物，其实不然，礼貌是人类文明的一个标志，正如《晏子春秋》所说："凡人之所以贵于禽兽者，以有礼也。"礼貌是保持良好的人际关系、维护正常的社会秩序、保证和促进社会经济政治文化顺利发展所必需的"润滑剂"、"凝聚剂"、"调节器"。叶圣陶先生在《诚于中而形于外》一文里曾这样评价礼貌用语:"我们天天要说话,都要培养自己正确、敏锐的语感。为自己着想,也为听你说话的对方着想,应该能够敏锐地觉察自己说的话是否合乎礼貌。不这样注意语感,往往在不知不觉中使对方觉得不愉快,或者得罪了人,自己还不知道。"

古人云:"视其言行,察其品性。"根据一个人说话的用词、语调口气及其行为做派,我们就可以推断出他的品性修养和精神境界。

礼貌是一个历史范畴,随着人类社会的产生而产生,随着人类社会的发展而发展。从原始社会、奴隶社会、封建社会、资本主义社会到社会主义社会,礼貌既有继承,又有变化。尽管每一个时代的礼貌,因阶级不同、民族不同、国家不同、地域不同而呈现很大的差别性和多样性,但同时又有其一致性,因而,礼貌才有可能继承、借鉴和发展。

说到底,礼貌是一种品格。对于个人而言,礼貌是人格;对于国家来说,礼貌则是国格。高贵的品格是以尊严和自信为基础的。一个有尊严的人,无论贫穷还是富有,在待人接物上都会从容自如,彬彬有礼。一个充满自信的人,决不会觉得对人的礼让是一种怯弱。相反,我们常常见到的倒是自卑者狂妄,内荏者色厉,动辄火冒三丈,恶语相向,其实掩盖的往往是虚弱,没有底气。

语言是社会交际的工具,是人们表达意愿、思想感情的媒介和符号。语言也是一个人道德情操、文学素养的反映。在与他人交往中,如果能做到言之有礼,谈吐文雅,就会给人留下很好的印象。相反,如果含沙射影,甚至恶语伤人,就会令人反感讨厌。因此,我们在说话时应尽可能对别人有礼貌,这样我们也会得到更多礼貌的回报。

说"不"的艺术

　　古希腊大哲学家毕达哥拉斯曾经说过这样一句话："'是'和'不'是两个最简单、最熟悉的字,却是最需要慎重考虑的字。"的确,答应他人做某件事要慎重,而拒绝别人的请求也应该慎重。

　　有些人在拒绝对方时,因感到不好意思而不敢直接说明,致使对方摸不清自己的意思,而产生许多不必要的误会。比如当你使用一种语意暧昧的回答:"这件事似乎很难做得到吧!"本来是拒绝的意思,然而却可能被认为你同意了,如果你没有做到,反而会被埋怨你没有信守承诺。所以,大胆地说出"不"字,是相当重要却又不太容易的课题。在拒绝别人要求时,如果处理得当不仅不会招来别人的反感,还会得到别人的宽容谅解,反之就会使别人怀恨在心,甚至打击报复你。

　　清代画家郑板桥任潍县县令时,曾查处了一个叫李卿的恶霸。

　　李卿的父亲李君是刑部大官,听说儿子被捕,急忙赶回潍县为儿子求情。他知道郑板桥正直无私,直接求情不会见效,于是便以访友的名义来到郑板桥家里。郑板桥知其来意,心里也在想怎样巧拒说情,于是一场舌战巧妙地展开了。

李君四处一望,见旁边的几案上放着文房四宝,他眼珠一转有了主意:"郑兄,你我题诗绘画以助雅兴如何?"

"好哇。"

李君拿起笔在纸上画出一片尖尖竹笋,上面飞着一只乌鸦。

目睹此景,郑板桥不搭话,挥笔画出一丛细长的兰草,中间还有一只蜜蜂。

李君对郑板桥说:"郑兄,我这画可有名堂,这叫'竹笋似枪,乌鸦真敢尖上立?'"

郑板桥微微一笑:"李大人,我这也有讲究,这叫'兰叶如剑,黄蜂偏向刃中行'!"

李君碰了钉子,换了一个方式,他提笔在纸上写道:"燮乃才子。"

郑板桥一看,人家夸自己呢,于是提笔写道:"卿本佳人。"

李君一看心中一喜,连忙套近乎:"我这'燮'字可是郑兄大名,这个'卿'字……"

"当然是贵公子的宝号啦!"郑板桥回答。

李君以为自己的"软招"奏效了,心里别提有多高兴了,当即直言相托:"既然我子是佳人,那么请郑兄手下留……"

"李大人,你怎么'糊涂'了?"郑板桥打断李君的话,"唐代李延寿不是说过吗,'卿本佳人,奈何做贼'呀!"

李天官这才明白郑板桥的婉拒之意,不禁面红耳赤,他知道多说无益,只好拱手作别了。

大凡来求你办事的人,都是相信你能解决这个问题,对你抱有很高的期望值的。一般来说,对你抱有的期望越高,拒绝的难度就越大。在拒绝对方时,假如总讲自己的长处,或过分夸耀自己,就会在无意中增加了对方的期望,更加大了拒绝的难度。如果适当地讲一讲自己的短处,降低对方的期望,在此基础上,抓住适当的机会多讲别人的长处,就能把对方的求助目标自然地转移过去。这样不仅可以达到拒绝的目的,而且会给求助方指出一个更好的归宿,使意外的成功所产生的愉快和欣慰心情取代原有的烦恼与失望,从而降低对方对你说的"不"的抵触情绪。

一般来说,一个人有事求别人帮忙时,总是希望别人能满足自己的要求,却往往不考虑给他人带来的麻烦和风险。如果实事求是地讲清利害关系和可能产生的不良后果,把对方也拉进来,共同承担风险,即让对方设身处地去判断。这样会使提出要求的人望而止步,放弃自己的要求。

甘罗的爷爷是秦朝的宰相。有一天,甘罗看见爷爷在后花园走来走去,不停地唉声叹气。

"爷爷,您碰到什么难事了?"甘罗问。

"唉,孩子呀,大王不知听了谁的调唆,硬要吃公鸡下的蛋,命令满朝文武去找,要是三天内找不到,大家都得受罚。"

"秦王太不讲理了。"甘罗气呼呼地说。

他眼睛一眨,想了个主意,说:"不过,爷爷您别急,我有办法,明天我替您上朝好了。"

第二天早上,甘罗真的替爷爷上朝了。他不慌不忙地走进宫殿,向秦王施礼。

秦王很不高兴地问道:"小娃娃到这里捣什么乱!你爷爷呢?"

甘罗说:"大王,我爷爷今天来不了啦。他正在家生孩子呢,托我替他上朝来了。"

秦王听了哈哈大笑:"你这孩子,怎么胡言乱语!男人家哪能生孩子?"

甘罗说:"既然大王知道男人不能生孩子,那公鸡怎么能下蛋呢?"

甘罗就是利用以谬还谬的否定方法,没有直接揭露秦王的荒诞,而是"顺杆儿上",引出一个更为荒诞的结论,让秦王自己去攻破自己的观点,并在巧妙的回答中暗示其荒谬性。

小张在电器商场工作。一天,他的一位朋友来买电视,让他给打个低一些的折扣。小张挺为难,这事他根本做不了主,于是他苦着脸对朋友说:"你如果上周来能给打折,昨天我们盘点,上次促销还赔了钱,今天早上我们经理才公布过,不让随便打折了,以后谁打折谁补钱。"

朋友一听这话,觉得再说也没用了,就不再说什么了。

张绪对摄像机朝思暮想了很长时间。一天,他心一横,花费了多年积蓄,从商店里美滋滋地捧回一架崭新的进口摄像机。打那以后,他一有空便围着它转,爱不释手。时隔不久,张绪的一个中学同学跑来,说下星期他外出旅游想借用张绪的摄像机,将摄像机当作至宝的张绪真担心同学给他弄坏了。但不借吧,怕伤了多年的友谊,又难以启齿,于是张绪便找了借口对同学说:"我妈说过几天出门想带着,但是时间还没有定,到时候再说吧。她不

用的话一定借给你。"

对这类勉为其难的要求，张绪既不说借，也不说不借，实际上为自己的最终拒绝留下了很大的回旋余地。如此既保全了双方的面子，不至于出现尴尬的僵局，又回绝了对方的要求。张绪的同学如果是个明白人，一定会心领神会，知"难"而退。

国学大师钱钟书先生很讨厌炒作，在他的《围城》出版后，许多媒体记者想采访他。钱先生实在没有办法了，只好以幽默的语言拒绝他们说："假如你吃了一个鸡蛋觉得不错，你认为有必要非要认识一下那只下蛋的母鸡吗？"

风趣的比喻终于使对方在愉悦之中欣然接受了婉拒。

学会拒绝，能让我们更坦率，更忠于自己，不必为他人之愿所累。伏尔泰曾经说过："当别人坦率的时候，你也应该坦率，你不必为别人的晚餐付账，不必为别人的无病呻吟弹泪，你应该坦率地告诉每一个使你陷入一种不情愿、又不得已的难局中的人。"

一位哲人曾说："当你拒绝不了无理要求时，其实你害了别人，也害了自己。"所谓害人是指助长了他的惰性，害己则是说违心地做自己不想做的事情会让自己心里很不舒服，甚至会后悔莫及。

要敢于拒绝你认为应当拒绝的要求，摒弃那种支支吾吾的态度，不给人误解你的空间。与隐瞒自己真实想法的绕圈子话相比，人们更尊重这种不含糊的回绝。

话要说到点子上

　　言谈是很重要的日常交际手段,它是门艺术,话说得好,办起事来也方便,话说得不好可能产生误会,影响友情,甚至让事情朝相反的方向发展。有的人说话喜欢拖拖拉拉,明明很简单的一件事被他一描述变得复杂了,自己说着费劲,别人听着也烦。

　　世界著名的谈话艺术专家却司脱·费尔特先生,曾经教人谈话时应该注意下列一些问题。他说道:"你应该时常说话,但不必说得太长。少叙述故事,除了真正贴切而简短之外,总以绝对不讲为妙。"说话方圆之道一定要记住言语简洁。

　　说话如果不说到要害就无法拨动对方内心深处最关心、最敏感的那根心弦,就无法使其动心、动容,改变主意,幡然醒悟。

　　一个理发师傅带了个徒弟。徒弟学艺3个月后,这天正式上岗,他给第一位顾客理完发,顾客照照镜子说:"头发留得太长。"徒弟不语。

　　师傅在一旁笑着解释:"头发长,使您显得含蓄,这叫藏而不露,很符合您的身份。"顾客听罢,高兴而去。

徒弟给第二位顾客理完发，顾客照照镜子说："头发剪得太短。"徒弟无语。

师傅笑着解释："头发短，使您显得精神、朴实、厚道，让人感到亲切。"顾客听了，欣喜而去。

徒弟给第三位顾客理完发，顾客一边交钱一边笑道："花时间挺长的。"徒弟无言。

师傅笑着解释："为'首脑'多花点时间很有必要，您没听说'进门苍头秀士，出门白面书生'？"顾客听罢，大笑而去。

徒弟给第四位顾客理完发，顾客一边付款一边笑道："动作挺利索，20分钟就解决问题。"徒弟不知所措，沉默不语。

师傅笑着抢答："如今，时间就是金钱，'顶上功夫'速战速决，为您赢得了时间和金钱，您何乐而不为？"顾客听了，欢笑告辞。

晚上打烊时，徒弟怯怯地问师傅："为什么你一帮我说话顾客就很买账，而我却不知道该说什么。"

师傅宽厚地笑道："那是因为我说的话又简单又受用，只要找准顾客的喜好，话不用多，一语就能中的。我之所以替你说话，作用有二：对顾客来说，是讨人家喜欢，因为谁都爱听吉言；对你而言，既是鼓励又是鞭策，因为万事开头难，我希望你以后把活做得更加漂亮，把话说得更明白好听。"

徒弟很受感动，从此，他越发刻苦学艺，理发的技艺日益精湛，一张巧嘴也深受顾客喜欢。

话要说得适可而止，进退有度。千万不要长篇大论，越描越黑，这是商家大忌！古语说得好："山不在高，有仙则名，水不在深,有龙则灵。"在我们日常生活中,话不在多,点到就行。在生活节奏日益加快的当今社会,没有人会有闲心去听你的高谈阔论。这就要求你随时提醒自己,把话说到点子上,有道理,有人情味,有逻辑性,这样才算掌握了说话的分寸。

其实,谈话并不完全在于多么精彩,也不在于口若悬河、专门讲些俏皮话和空洞的笑话。相反,尽管谈话的时候直截了当地对答,朴实地理解,也仍旧能够得到圆满的谈话结果。语言还要力求通俗、易懂,如果不顾听者的接受能力,用文绉绉、艰涩难懂的语言,往往既不亲切,又使对方难以接受,结果事与愿违。

世界上最会说话的人不是口若悬河、滔滔不绝的雄辩之士,而是那些言简意赅、恰如其分地阐述自己观点的人。真正会说话的人懂得用最简单的语言把意思表达到位,在最短的时间内把话说到点子上。

第五章 怎样说话有魅力

玩笑话要慎重说

相熟的朋友聚在一起时,大家不免要开开玩笑,互相取乐。说话不受拘束,原是人生一大快事,但是凡事有利也有弊,玩笑过头乐极生悲,因开玩笑而使大家不欢而散的事情也时有发生。所以,说话时要注意以下几点:

1.不能当众揭别人的短。

任何人的隐私在公众面前"曝光",都会感到难堪,乃至愤怒,因而,不要当众揭露别人的短处。如果有的人品行确实恶劣,我们不妨对其旁敲侧击,让他适可而止。如果相反,双方撕破脸皮,对谁也不好。

2.要适可而止。

一般的玩笑话,说过一两句就算了,不要老是专门戏弄一个人,也不要连续取笑下去。若专对一人不停地进攻,则十之八九都不能忍受。

开玩笑本来无所谓顾虑到对方的尊严,但如果所开的玩笑会使对方难过、伤心,那这绝非开玩笑的合适话题。你笑你的同学考试不及格,你笑你的朋友怕老婆,你笑你的亲戚做生意上当而吃亏, 你笑你的同伴在走路时跌了跤⋯⋯这些都是需要同情的事件,你却拿来取笑,不仅会使对方颜面尽失,而且对方会觉得你冷酷无情。同样,不可拿别人生理上的缺陷来做你开玩笑的资料,如斜眼、麻面、跛足,驼背等,别人的不幸,你应该给予同情和宽慰。如果在谈话时,有一位是生理上有缺陷的人,那么,最好要避免易使人联想到缺陷方面的玩笑。

3.不故意宣扬他人的错误。

有的人喜欢拿别人的错误当笑料,到处宣扬,幸灾乐祸。这样做既伤了别人的颜面,又显示出自己趣味低下、庸俗,影响自己在众人心目中的形象。

4.不要询问别人的隐私。

很多人都喜欢刺探别人的隐私,以满足自己的好奇心理。作为他人,既然不愿意把一些情况公之于众,自然不是什么好事,而你却把这些事抖搂出来,当事人知情后,必然恼怒。

5.不要把对方置于死地。

有的人言辞尖刻,得理不饶人,没理也要搅三分,唇枪舌剑,一定要让对方口服。对方即便一时话软,心中一定会耿耿于怀,他日可能会寻机报复,因此,我们说话要有"口德"。

所以朋友之间即使相熟,有时为了调节气氛说些笑话,拿其他人开开玩笑也无伤大雅,但是一定要拿捏好,开适度的玩笑。正所谓玩笑虽好,但要慎重。

善意的谎言无碍诚信

有人说过这样一段话："撇开道德的标准，谎言就是一种智慧。这种智慧如同一把无形的刀子，深深地隐藏在每个人的脑子里。舍之则藏，用时便会亮闪闪地伸出刀尖。政治家利用它纵横捭阖，军事家利用它运筹帷幄，生意人靠它发财致富，读书人靠它飞黄腾达……"

人们之所以给予谎言如此高的评价，是因为实话有时比谎言更伤人，更不利于自己。比如一个人行将就木，得了癌症只剩两天可活，面对病人的询问，医生如果明白地告诉他："你只有两天的时间了。"病人无疑会非常痛苦。

生活中，经常能碰到一些善意而美丽的谎言，这些谎言构成的是人生的另一种风景。它丰富了人们生活的情趣，使人们之间的关系更为和谐，生活更愉快和美满。在灾难突然降临时的谎言，有时就是救命的谎言。

一架美国的运输机在沙漠里遇到沙尘暴袭击迫降，但飞机已经严重损毁，无法恢复起飞。通讯设备也损坏，与外界通讯联络中断,9名乘客和1名驾驶员陷于绝望之中,求生的本能使他们为争夺有限的干粮和水而动起干戈。

紧急关头,一个临时搭乘飞机的乘客站了出来说:"大家不要惊慌,我是飞机设计师,只要大家齐心协力听我指挥,就可以修好飞机。"这好比一针强心剂,稳定了大家的情绪,他们自觉节省水和干粮,一切井然有序,大家团结起来和风沙困难作斗争。

十几天过去了,飞机并没有修好,但有一队往返沙漠里的商人驼队经过这里时搭救了他们。几天后,人们才发现,那个临时乘客根本就不是什么飞机设计师,他是一个对飞机一无所知的小学教师。有人知道真相后就骂他是个骗子,愤怒的责问他:"大家命都快保不住了,你居然还忍心欺骗我们?"老师说:"假如我当时不撒谎,大家能活到现在吗?"

上面这个故事告诉我们,善意的谎言是生活的希望,是沙漠中的绿洲,它有时真的改变了我们生命的轨道。

也许大家都认为,说谎是一种最要不得的行为,但人与人之间的相处,偶尔还是需要些善意的谎言。不分场合的诚实,不仅会伤害到别人,也会伤害自己。

两个盲人靠说书弹三弦糊口,老者是师父,70多岁;幼者是徒弟,20岁不到。师父已经弹断了999根弦了,离1000根弦只差一根了。师父的师父临死的时候对师父说:"我这里有一张复明的药方,我将它封进你的琴槽中,当你弹断了第1000根弦的时候,你才可以取出药方。记住,你弹断每一根弦时都必须是尽心尽力的。否则,再灵的药方也会失去效用。"那时,师父还是20岁的小青年,可如今他已皓发银须。50年来,他一直奔着那复明的梦想。

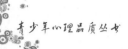

他知道，那是一张祖传的秘方。

一声脆响，师父终于弹断了最后一根琴弦，他直向城中的药铺赶去，当他充满虔诚、满怀期待地取草药时，掌柜的告诉他："那是一张白纸。"他的头嗡地响了一下，平静下来以后，他明白了一切：原来师父欺骗他说弹断1000根琴弦，就能得到那复明的药方，只是真诚、善意的谎言，而他因为靠着这善意的谎言，才有了生存的勇气。

回家后，他郑重地对小徒弟说："我这里有一个复明的药方，我将它封入你的琴槽，当你弹断第1200根琴弦的时候，你才能去打开它，记住，必须用心去弹，师父将这个数错记为1000根了……"

小徒弟虔诚地允诺着，他也跟他的师父一样，活在这个善意的谎言里。这个谎言给了他希望的动力，引发他去追求生命中最美丽的时刻。如果师父不说这个谎，他的徒弟能愉快地面对自己的将来吗？

"撇开道德的标准，谎言就是一种智慧。"美丽的谎言出于善良和真诚，它无悖于道德。说实话有时比说谎言更伤人，我们要学会在适当的时候说些谎言。很多时候，真诚的谎言比什么都有力量。

职场上同样如此。有同事邀请你参加个酒会，你打心底不愿意，你对他说"不想跟你去"。可想而知，你的大实话会深深伤害同事的自尊心，进而会影响你们以后的关系。而如果你撒谎"我另外有点事"，不但同事不会受伤害，你们的友谊也会继续。真诚的谎言可以让你维持良好的人际关系，也可以有力地保护你

打开你心中的窗

自己。

难怪有成功者说:"好口才就是说谎专家。"

企划部的彭力因一件小事和上司大吵了一架。事后,彭力向同事孙迪大发牢骚。上司知道后,便把孙迪叫到办公室,假装谈工作,然后有意无意地问起彭力对他的看法。心里如明镜一般的孙迪呵呵一笑后,说:"他挺好的,跟我在一起时,他总是表现出对你的佩服。那天,他还说你'很有魅力'。至于最近有点不开心,他说可能是在某些事情上闹了点小误会,你会很快处理好的。你放心,他不会有什么。"上司听后信以为真,十分高兴。第二天开会时就当场表扬彭力工作努力,彭力受宠若惊,怨气顿消,一切又恢复了正常。

练习说谎吧!只要你的谎言是出自真诚,它一定会散发出耀眼的光彩,让说谎者与被"骗"者共享其乐。而当你学会将善意的谎言说得漂亮的那天,也就等于拿到职场里的"免死"金牌。

忠言也可动听入耳

在过去那些单纯的年代，人们曾把快言快语、直来直去当作人性中一种很美好的品质。因为有人直言直语，让人们一下就能知道什么是美丑，什么是是非，什么是好坏。然而，在职场中，直言直语却是个大忌。有些话不能直说，这已经是不成文的办公室潜规则。有的人很难适应由"直"到"曲"的过程，但要认识到"曲"的存在有很多合理性。比如上司意图不明确，可能是想考验一下下属独立判断和解决问题的能力。而在同事相处中，说话隐晦一点，既能给自己留更多余地，也能避免直接冲突。所以，即使是很熟悉的同事，也要多观察、揣摩对方的神态、语气，明白对方"潜台词"，甚至是"口是心非"的表达。

在一次公司的聚会上，方女士穿了一件紧身连衣裙。赵先生看了，就忍不住说："方姐，您这件衣服真漂亮，可就是穿在您身上有点可惜了，您看您那么胖，把衣服都给挤没形了，整个看上去就一圆桶。"方女士生气地说："圆桶我乐意，又没穿你身上。"方女士好长时间都不愿意理他。

其实，赵先生也不是什么坏人。他这个人非常热情，别人有个大小事情，他都帮忙。可是，就那张嘴害了他。和他同时进公司的人，不是有了更重要的职位，就是成了他的顶头上司，只有他还在那儿原地踏步。赵先生也知道是怎么回事，可就是管不住自己的嘴巴。

赵先生的话也没什么错，但"忠言逆耳"，想想大庭广众之下，谁愿意别人揭自己的短呀。

有这样一个故事：

山顶住着一位智者，他胡子雪白，谁也说不清他有多大年纪。男女老少都非常尊敬他，不管谁遇到困难，都要来找他，请求他提些忠告，但智者总是笑眯眯地说："我能提些什么忠告呢？"

这天，又有一个年轻人来求他提忠告。智者仍然婉言谢绝，但年轻人苦缠不放。智者无奈，他拿来两块窄窄的木条，两撮钉子，一撮螺钉，一撮直钉。另外，他还拿来一个榔头，一把钳子，一个改锥，他先用锤子往木条上钉直钉，但是木条很硬，他费了很大劲，也钉不进去，倒是把钉子砸弯了，不得不再换一根，一会儿工夫，好几根钉子都被他砸弯了。最后，他用钳子夹住钉子，用榔头使劲儿砸，钉子总算弯弯扭扭地进到木条里面去了，但他也前功尽弃了，因为那根木条也裂成了两半。智者又拿起螺钉、改锥和锤子，他把钉往木板上轻轻一砸，然后拿起改锥拧了起来，没费多大力气，螺钉钻进木条里了，天衣无缝。

智者指着两块木板笑笑："忠言不必逆耳，良药不必苦口，人们津津乐道的逆耳忠言、苦口良药，其实都是笨人的笨办法。那么硬碰硬有什么好处呢？说的人生气，听的人上火，最后伤了和气,好心变成了冷漠,友谊变成了仇恨。我活了这么大岁数,只有一条经验,那就是绝对不直接向任何人提忠告。当需要指出别人的错误的时候,我会像螺丝钉一样婉转曲折地表达自己的意见和建议。"

第六章　和谐人际是艺术

巧结人缘——利用牵连关系结交新朋友

要善于利用牵连关系扩展人际交往,朋友介绍朋友,同学介绍同学,这就是牵连关系带来的人缘效应。要想不断扩大自己的人脉,牵连关系的利用非常重要。要想认识许多人,你必须接触他们,而要想跟他们建立良好的关系,你要花更多的时间、精力。不过,尽快建立一个好人缘比较省事的方法是利用你现有的人际关系网,以这张网为基础进行"编织",你的网会扩大得很快,这就和蜘蛛织网相似, 在旧网上织一个新网总要比重新编织快得多。

人生不可没有朋友,否则无法生存和发展,结交朋友能获得事业的助力,因而一个人若想有成就,要尽量利用牵连关系结交有价值的朋友。

关于朋友有这么一个故事:

这是发生在一个孤儿院里的真实的故事。越战时期,由于飞机的狂轰滥炸,一颗炸弹被扔进了这个孤儿院,几个孩子和一位工作人员被炸死了,还有几个孩子受了伤。其中有一个小女孩流

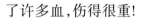

了许多血,伤得很重!

幸运的是,不久后一个医疗小组来到了这里,小组只有两个人,一个女医生,一个女护士。

女医生很快对小女孩进行了急救,但那个小女孩出了一点问题,因为小女孩流了很多血,需要输血,但是她们带来的不多的医疗用品中没有可供使用的血浆。于是,医生决定就地取材,她给在场的所有的人验了血,终于发现有几个孩子的血型和这个小女孩是一样的。可是,问题又出现了,因为那个医生和护士都只会说一点点的越南语和英语,而在场的孤儿院的工作人员和孩子们只听得懂越南语。

于是,女医生尽量用自己会的越南语加上一大堆的手势告诉那几个孩子:"你们的朋友伤得很重,她需要血,需要你们给她输血!"终于,孩子们点了点头,好像听懂了,但眼里却藏着一丝恐惧!

孩子们没有人吭声,没有人举手表示自己愿意献血!女医生没有料到会是这样的结局!一下子愣住了,为什么他们不肯献血来救自己的朋友呢?难道刚才对他们说的话他们没有听懂吗?

忽然,一只小手慢慢地举了起来,但是刚刚举到一半却又放下了,好一会儿又举了起来,再也没有放下!

医生很高兴,马上把那个小男孩带到临时的手术室,让他躺在床上。小男孩僵直着躺在床上,看着针管慢慢地插入自己的细小的胳膊,看着自己的血液一点点地被抽走!眼泪不知不觉地就顺着脸颊流了下来。医生紧张地问是不是针管弄疼了他,他摇了摇头,但是眼泪还是没有止住。医生开始有点慌了,因为她总觉

第六章　和谐人际是艺术

得有什么地方肯定弄错了,但是到底在哪里呢?针管是不可能弄伤这个孩子的呀!

关键时候,一个越南的护士赶到了这个孤儿院,女医生把情况告诉了越南护士。越南护士忙低下身子,和床上的孩子交谈了一下,不久后,孩子竟然破涕为笑。

原来,那些孩子都误解了女医生的话,以为她要抽光一个人的血去救那个小女孩。一想到不久以后就要死了,所以小男孩才哭了出来。医生终于明白为什么刚才没有人自愿出来献血了,但是她又有一件事不明白了:"既然以为献过血之后就要死了,为什么他还自愿出来献血呢?"医生问越南护士。

于是越南护士用越南语问了一下小男孩,小男孩回答得很快,不假思索就回答了。回答很简单,只有几个字,但却感动了在场所有的人。

他说:"因为她是我最好的朋友!"

人与人之间的相识、交往,不可能凭空地进行,真正的朋友就是在自己遇到困难时能倾囊相助的人。

也许因为某个偶然的机会,或者因为学习、工作等把天南海北、五湖四海的人吸引到某一空间从事某一活动,由于交往的频繁往复,人们就相互认识了,也许这些就是缘分。如果你懂得珍惜这种缘分,学会充分利用这种缘分,那么你很快就能建立一个好的人际关系。

例如,利用"老乡"关系结交朋友。中国人有很重的乡土意识。住在某一地区的人们往往会受那个地区环境的影响而形成具有地方特色的风俗习惯、礼仪人情,从而孕育绚丽多姿的中国各民族、各地区的特色文化,包括语言、服饰、生活方式等等,各地区的文化往往成为那个地区人们生命力、凝聚力、亲和力的纽带。

在当代社会,校友关系是人际关系的重要组成部分,如果你是大学毕业,可以算一算,从小学到大学你可以有多少同学?按中国现在通行的九年制义务教育,再加3年高中,4年大学本科,这16年的正规教育时间,按保守的数字计算,你的同学可能不下200人。200人,一个多么可观的数字,但请你仔细算算,在这200人中,和你保持经常联系,具有良好关系的人又有多少?也许这样一算,你自己都会觉得可惜,因为昔日几年、十几年前跟你一起坐在同一教室里, 在同一老师的教导下念着同一本书的"同窗",你可能记不起他们的名字了,甚至他们现在在哪儿都杳无音信!所以,同窗之情、同师之谊是很值得珍惜的。

回想起当年的学习生活、人物"典故",谁能不为之兴奋激动?所以如果你有心,无论你现在的事业成功不成功,都可以找一个适当的时间搞一次同学会,当然组织筹备会要花去很多时间精力,但这是一项很有价值的工作。在同学会上,你可以追寻往昔的难忘岁月。虽然未必有"往昔峥嵘岁月稠",但至少你们可以找回那段共有的美好时光。如果你的同学建议组织搞同学会或请你参加,你务必要全力以赴尽可能地参加。如果一时脱不开身而未能赴会,可能会成为你一生中很大的遗憾,而对你的人际交往来说,也是一笔巨大的损失。

对一位大学毕业生来说,庞大的同学关系简直就是巨大的财富。因为大学一般吸收学生面广,在大学校园里,你可以接触

143

到五湖四海各具特色的同学,甚至世界各地的人,这对扩展你的知识面,撒开人际网是个极为有利的条件。在交往过程中,首先要搞清对方毕业于哪些学校。无论是大学、高中、初中甚至小学,只要能找到一个"同类项",你就可以和他"合并"出许多谈话的话题。如果得知你和对方毕业于同一大学,就可以堂堂正正地介绍自己的系别、学历,开始与对方交际,而后通过他这个渠道也许能够不断扩大校友范围。除了老乡关系、同学关系之外,还有诸如同事关系、旅游中的同伴关系等等,这些都可以成为我们扩展人际交往的桥梁。

一把坚实的大锁挂在大门上,一根铁杆费了九牛二虎之力,还是无法将它撬开。

钥匙来了,他瘦小的身子钻进锁孔,只轻轻一转,大锁就"啪"的一声打开了。

铁杆奇怪地问:"为什么我费了那么大力气也打不开,而你却轻而易举地就把它打开了呢?"

钥匙说:"因为我最了解他的心。"

每个人的心都像上了锁的大门,任你再粗的铁棒也撬不开。只要你善于交往,就能把自己变成一把细腻的钥匙,进入别人的心中,打开人际交往之门。

在现实生活中,有许多人尽管与人交往的欲望很强烈,但仍然不得不常常忍受孤独的折磨,他们的友人很少,甚至没有友人,因为他们在社交上总是采取消极的、被动的退缩方式,对交往感到恐惧,害怕打破陌生人的状态,总是等待别人来首先接纳他们。

因此,虽然他们同样处于一个人来人往、熙熙攘攘的世界,却仍然无法摆脱心灵的孤寂。要知道,别人是不会无缘无故对我们感兴趣的。因此,我们要想赢得别人,同别人建立良好的人际关系,建立起一个丰富的人际关系世界,就必须做交往的始动者,处于主动地位。

面对我们想要结交的朋友,我们需要打开心灵的空间,扩大个人开放度,求大同存小异,我们需要肯定他人,宽容他人;保持微笑,特别在和别人交流时,整张脸含着笑;善于倾听,学会做有耐心的听众;让愤怒之情化为乌有,学会幽默,经常笑一笑,尽量避开容易发怒的人和事。发怒时,强制自己,保持最初10秒钟的冷静至关重要;学会自制,自制就是要克服心魔。一个人只有先控制自己,才有可能控制他人和局面。忍耐度高的人,由于适应性强,更容易受到周围人的欢迎。

言而有信——兑现自己的诺言

人际交往中,信用的能量是巨大的,一个讲信用的人让对方从心理上产生交往安全感,愿意跟你深交。如果说讲信用是一种做人的美德,那么,让人觉得你是可信的,则是一种心理,一种人际交往中的大智慧。

春秋五霸之一的晋文公带领军队攻打原国,事先与官兵约定三天结束战争。到了第三天,原国还没有攻下来,晋文公就命令撤退回国。

这时,晋方的间谍回来报告说:"原国人支持不住,就要投降了。"晋方有的将领主张暂缓撤兵,但晋文公却坚持认为与其得到一个原国而失信,还不如不要它,因此坚决撤回了围攻的军队。

晋文公虽然放弃了到手的胜利,却树立了自己诚信的形象,得到了下属的敬重,如此一来,他战争中的损失也就算不得什么了。

一个人只有讲究信用,才能得到支持,并有所作为。大多数人都喜欢和一个信誉度高的人交往,大到言出必行,小到守时守信,都能够看出一个人的品格和素养。

西周成王即位时还是个小孩子。一天,他和弟弟叔虞在后宫玩耍,一时高兴,就摘下一片桐叶给叔虞,说:"我封你为王。"

第二天, 大臣史佚一本正经地要求成王正式给叔虞划定封地。成王说:"我这是和他在做游戏,怎么能当真呢!"史佚板着脸说:"君无戏言。"

成王马上明白了这句话的分量,就把黄河、汾水以东的一百里地方封给了叔虞,这个诸侯国就是春秋中后期强盛一时的晋国。

据说,宋太祖有一天答应要任命张思光为司徒通史,张思光非常高兴,一直引颈企望宋太祖正式任命,但是始终没有下文。张实在等得不耐烦,只好想办法暗示。

张思光故意骑着瘦马晋见宋太祖,宋太祖觉得奇怪,于是问他:"你的马太瘦了,你一天喂多少饲料呢?"张思光回答:"一天一石。"

宋太祖又疑问道:"不少啊! 可是每天喂一石怎么会这么瘦呢?"张思光又冷冷地答曰:"我是答应每天喂它一石啊!但是实际上并没有给他吃那么多,它当然会那么瘦呀!"

宋太祖听出语外之意, 于是马上下令正式任命张思光为司徒通史,宋太祖终于通过自己的行动兑现了诺言。

在现实生活中,人与人之间的交往要做到言出必践。只有言行一致,拿出"一言既出,驷马难追"的气概,才能让别人信服。另外,遵守约定也是取信于他人的必备内容。在社会交往中我们不可避免地要与他人订立一些口头的协议,或订下某些规则,行动中只有认真执行,才能取得对方的信任。

历史上曾经有个叫尾生的人,他是著名的遵守约定的人。他与

147

女子相约在桥下立柱会面,过了约定的时间,女子没来,河水暴涨,他宁可淹死也不失约离去。故有尾生抱柱之信的说法,在今天看来,他的做法似乎过头了,但他的精神却永远值得大家借鉴。

中国人历来把守信作为人为人处世、齐家治国的基本品质,主张言必行,行必果。贾谊说:"治天下,以信为之也。"小信成,则大信立,治国也好,理家也好,经商也好,交友也好,都需要讲信用。

清代顾炎武曾赋诗言志:"生来一诺比黄金,哪肯风尘负此心。"表达了自己坚守信用的处世态度和内在品格,一诺千金的典故便是由此而来的。信用不像钱那么简单,只要你有钱,就可以立即把资金汇入银行,要取就取,但是,信用就不会像钱这样来得容易、用得方便,要取得信任需要长时间的积累,信用无法在短时间内形成。因此,我们一定要为自己创造信用,而且要每天不断地累积。

"轻诺必寡信,多易必多难。"一个人如果经常失信,一方面会破坏他本人的形象,另一方面还将影响他本人的事业。信誉许诺是非常严肃的事情,对不应办的事情或办不到的事,千万不能轻率应允。一旦许诺,就要千方百计去兑现自己的诺言,以获得别人的信任。

人际交往中,诚信是最高明的处世之道,也是最有效的成功素质之一。人无信不立,不做言过其实的许诺,不做言而无信、背信弃义的丑行,这才是有魅力的人,靠得住的人。所以,纵使万般艰难,也须言行如一,表里如一,绝不可背信弃义。

审视环境——善于察言观色

单位里调来一位新主管，据说是个能人，专门被派来整顿业务。可是一天天过去，新主管却毫无作为，每天彬彬有礼进办公室，便躲在里面难得出门。

"他哪里是个能人嘛！根本是个老好人，比以前的主管更容易唬！"那些本来紧张的坏分子，现在反而更猖獗了。四个月过去，新主管却发威了——坏分子一律开除，能人则获得晋升。下手之快，断事之准，与四个月表现保守的他，简直像是全然换个人。

年终聚餐时，新主管在酒过三巡之后致词："相信大家对我新到任期间的表现，和后来的大刀阔斧，一定感到不解，现在听我说个故事，各位就明白了：

我有位朋友，买了栋带着大院的房子，他一搬进去，就将那院子全面整顿，杂草一律清除，改种自己新买的花卉，原先的屋主来拜访，我这位朋友才发现，他竟然把牡丹当草给铲了。

后来他又买了一栋房子，虽然院子更是杂乱，他却是按兵不

149

动,果然冬天以为是杂草的植物,春天里开了繁花;春天以为是野草的,夏天里成了锦簇;半年都没有动静的小树,秋天居然红了叶。直到暮秋,它才真正认清哪些是无用的植物,而大力铲除,并使所有珍贵的草木得以保存。"

说到这儿,主管举起杯来:"让我敬在座的每一位,因为如果这办公室是个花园,你们就都是其间的珍木,珍木不可能一年到头开花结果,只有经过认真的观察才认得出啊!"

我们要学会观察,也要学会察言观色、审时度势,在适当的时候表现自己适度的热情,审视自己周围的环境,审视自己的形象和精神状态。工作上营造良好的人际环境,需要做的工作很多,归结起来就是一个标准,那就是增加每个人在工作时感觉到的精神舒适度。

每一个人都应保持审视环境和审视自己的良好习惯,有则尽快改之并适当弥补,无则也需时时警诫,以积极态度进行心理和行为的调整。只有这样,我们的人际关系才能融洽,才能在工作和生活中享受到那份融融的温情。

要学会观察,学会审时度势,需注意以下几点:

第一,观察他是否具攻击性和侵略性。这类人通常的谈话内容都在自己身上打转,可能直盯着对方让人局促不安,而且会刻意靠的很近。

第二,观察他是否想跟你谈话。如果他有意保持距离(120公分以上),可能表示他并不想谈论太多私事,对你也不太感兴趣。不过或许他只是害羞,可以注意他跟别人如何互动。

第三,留意独断者的特质。在跟过于主观的人谈话时,他们看起来在仔细聆听,而且会重复你说过的话,其实是利用时间思考怎么发表他的意见。

　　仔细观察别人,那样你就会发现他做的好事。当你表示赞许的时候,你要充分说明理由,这样你的称赞就不会有谄媚之嫌。

　　人际关系十分微妙复杂,所以我们还应及时检讨,反省自己的行为,进行积极有效的心理调整,让自己适应多变的人际关系,不失为一个增强生存能力的好办法。如果你在工作中经常受到一些不愉快事件的影响,使自己情绪失控,那可犯了大忌。如果看到自己不喜欢的东西或事情就明显地表露出来,那么只会造成同事对你的反感。每个人都有自己的好恶,对于自己不喜欢的人或事,应尽量学会包容或保持沉默。你自己的好恶同样不一定合乎别人的观点,如果你经常轻易地评论别人,同样会招致别人的厌恶。

　　我国古代有一个"以礼问路"的故事,说的是有位从开封到苏州去做生意的人,在去苏州的路上迷失了方向,在三岔路口上犹豫不定。忽然,他看见附近水塘旁边有一位放牛的老人,就急忙跑过去问路:"喂,老头!从这里到苏州走哪一条路对呀?还有多少路程呀?"老人抬头见问路的是一位三十多岁的人,因为他没有礼貌,心里头很反感,就说:"走中间的那条路对,到苏州大约还有六七千丈远的路程。"那人听了奇怪地问:"哎!老头,你们这个地方走路怎么论丈而不论里呀?"老人说:"这地方一向都是讲礼(里)的,自从这里来了不讲礼(里)的人以后,就不再讲礼(里)了!"这个故事是对不讲礼貌的人的嘲讽,也说明中华民族具有讲文明礼貌的传统美德。

这个故事足以使当今社会中那些说话不合礼仪的人脸红。不会察言观色,等于不知风向便去转动舵柄。

和别人交际之前要有所准备,学会察言观色,可以在最合适的时候让你出击,从而拥有一次成功交流。熟人和不熟人甚至陌生人,都需要在了解的基础上进行交际,交际可以让你了解一个人,了解得多了,你自然会知道很多不同人的属性。以后你一和他人接触就知道他的性格了。察言观色是一切人情往来中操纵自如的基本技术。

直觉虽然敏感却容易受人蒙蔽,懂得如何推理和判断才是察言观色所追求的顶级技艺。言辞能透露一个人的品格,表情眼神能让我们窥测他人内心,衣着、坐姿、手势也会在毫无知觉之中出卖它们的主人。言谈能告诉你一个人的地位、性格、品质及流露内心情绪,因此善听弦外之音是"察言"的关键所在。

如果说观色犹如察看天气,那么看一个人的脸色应如"看云识天气"般,有很深的学问,因为不是所有人所有时间和场合都能喜怒形于色,相反是"笑在脸上,哭在心里",我们还应有深的了解。我们如能在交际中察言观色,随机应变,必能使人际交往更加顺利。

学会赞美——在背后说人好话

赞美一个人，当面说和背后说所起到的效果是很不一样的。背后说别人的好话，远比当面恭维别人，效果要好得多。

《红楼梦》中有这么一段描写：史湘云、薛宝钗劝贾宝玉做官为宦，贾宝玉大为反感，对着史湘云和袭人赞美林黛玉说："林姑娘从来不说这些混账话！要是她说这些混账话，我早和她生分了。"凑巧这时黛玉正来到窗外，无意中听见贾宝玉说自己的好话，不觉又惊又喜，又悲又叹。

在林黛玉看来，宝玉在背后称赞自己，这种好话就不但是难得的，还是无意的。倘若宝玉当着黛玉的面说这番话，好猜疑、使小性子的林黛玉可能就认为宝玉是在打趣她或想讨好她。

在背后说别人的好话，显得真诚。如果你当面说人家的好话，对方可能以为你是在奉承他、讨好他。相反，如果你的好话是在背后说的，人家会认为你是真心的，这样，他自然会领情，会感激你。

比如说领导好话，当面说与背后说就有很大的差别。如果你

153

当着领导和同事的面说领导的好话,不仅效果不好,甚至还会起到相反的效果作用。一方面同事们会说你是在讨好领导,拍领导的马屁,从而容易招致周围同事的轻蔑。同时,领导脸上可能也挂不住,会说你不真诚。与其如此,还不如在领导不在场时,大力地"颂扬一番",这样,既不会有拍马屁之嫌,也不会让领导难堪,若有一天领导从他人口中得知你的好话时那就会感到高兴,从而对你刮目相看。

如果你是一名中层管理者,在面对你的领导或其他同事时,你不妨恰如其分的夸奖你的部下,他一旦知道了,就会对你心存感激,你们的交际也就会更顺畅,感情也会更进一步。

在背后说人好话,容易消除误会,缓解彼此的矛盾。

在背后说别人好话时,会被人认为是发自内心、不带个人动机的,从而能增强对说话者的好感,消除对说话者的不满。如果你与同事发生了一点小误会而互不理睬时,不妨在背后说说他的好话。

员工甲与他同事乙平时关系不错,却因小事发生了误会,很长时间不说话,彼此都感觉相处很尴尬。虽然大家都想打破这种尴尬,但自尊心作祟,谁都不愿先开口与对方说话。

一天,甲刚好看了一篇关于背后说人好话的文章,于是心生一计。在办公室与同事闲聊时,甲趁乙不在,对别的同事随意说了几句乙的好话:"其实,乙这人真不错,为人比较正直,处事也比较公正,以前对我的帮助挺大,我挺感谢他的。"这几句话很快就传到了乙耳朵里,他心里不由得有些歉疚和欣慰。于是,找了一个适当的机会,他主动向甲打招呼,嘘寒问暖,两人就这样好了。

在背后说人好话，还能满足别人的虚荣心，给足别人面子，这好话可能在被说者意料之中，也可能在他意料之外。通常，好话越出于被说者的意料之外，好话所起到的作用越明显、越能打动人。

在中国台湾作家刘墉的《把话说到心窝里》的一书中有这么一段故事：

作为工人代表，老王决定去找总经理抗议。原因是他们经常加班，但上面连个慰问都没有，年终奖金也很少。

出发之前，老王义愤填膺地对同事说，"我要好好训训那自以为是的总经理。"

到了总经理办公室，老王告诉总经理秘书说，"我是老王。约好的。"

"是的，是的。总经理是在等你，不过不巧，有位同事临时有急事送进去，麻烦您稍等一下。"秘书客气地把老王带过会客室，请老王坐，又堆上一脸笑，"你是喝咖啡，还是喝茶？"

老王表示他什么都不喝。

"总经理特别交代，如果您喝茶，一定要泡上好的龙井。"秘书说。

"那就茶吧！"

不一会儿，秘书小姐端进连着托盘的盖碗茶，又送上一碟小点心："您慢用，总经理马上出来。"

"我是老王。"老王接过茶，抬头盯着秘书小姐，"你没弄错吧！我是工友老王。"

"当然没弄错,你是公司的元老,老同事了,总经理常说你们最辛苦了,一般同仁加班到9点,你们得忙到10点,心里实在过意不去。"

正说着,总经理已经大跨步地走出来,跟老王握手:"听说您有急事?"

"也……也……也,其实也没什么,几位工友同事叫我来看看您……"

不知为什么,老王憋的那一肚子不吐不快的怨气,一下子全不见了。临走,还不断对总经理说:"您辛苦,您辛苦,大家都辛苦,打扰了!"

老王的态度为什么会发生一百八十度的大转弯呢?其实,答案很简单。总经理背着老王说老王的好话,大大出乎老王的意料。总经理的好话不仅表示了他的真诚与理解,也给了老王足够的面子。老王既感受到了被领导理解的欣慰,虚荣心也一下子得到了满足,自然对总经理心存感激,先前一肚子的怨气也就自然烟消云散了。

交换立场——站在他人角度看问题

人际交往中，如果你要使别人信服你，那你首先就要真诚地尽力站在对方的立场上看事情。

著名人际关系交往家卡耐基租用纽约某家饭店的大舞厅，用来在每季度举办系列讲座。

有一次在一个季度开始的时候，他突然接到通知，说他必须付出比以前高出3倍的租金。卡耐基拿到这个通知的时候，入场券已经印好，并且发出去了，而且所有的通告都已经公布了。

卡耐基不想付这笔增加的租金，可是跟饭店的普通员工谈论是没有用的。因此，几天之后，他去见饭店的经理。

"收到你的信，我有点吃惊，"卡耐基说，"但是我根本不怪你。如果我是你，我也可能发出一封类似的信。你身为饭店的经理，有责任尽可能地使收入增加。如果你不这样做，你将会丢掉现在的职位。现在，我们拿出一张纸来，把你因此可能得到的利弊列出来。"

然后，卡耐基取出一张纸，在中间画了一条线，一边写着

"利"，另一边写着"弊"。他在"利"这边的下面写下这些字："舞厅空下来。"接着说："你把舞厅租给别人开舞会或开大会是最划算的，因为像这类的活动，比租给人家当讲课场能增加不少的收入。如果我把你的舞厅占用二十个晚上来讲课，你的收入当然就要少一些。"

"现在，我们来考虑坏的方面。第一，如果你坚持增加租金，你不但不能从我这儿增加收入，反而会减少自己的收入。事实上，你将一点收入也没有，因为我无法支付你所要求的租金，我只好被逼到另外的地方去开这些课。"

"你还有一个损失。这些课程吸引了不少受过教育、修养高的群众到你的饭店来。这对你是一个很好的宣传，不是吗？事实上，如果你花费五千美元在报上登广告的话，也无法像我的这些课程能吸引这么多的人来你的饭店。这对一家饭店来讲，不是价值很大吗？"

卡耐基一面说，一面把这两项坏处写在"弊"的下面，然后把纸递给饭店的经理，说："我希望你好好考虑你可能得到的利与弊，然后告诉我你的最后决定。"

第二天卡耐基收到一封信，通知他租金只涨50％，而不是300％。

从对方的立场出发，为他分析出事情的利弊，对方便会主动地按照你的思路走下去，从而达到你的目的。卡耐基之所以成功，在于当他说"如果我是你，我也会这样做"时，他已经完全站到了经理的角度。接着，他站在经理的角度上算了一笔账，抓住经理的心理：赢利，使经理心甘情愿地把天平砝码加到卡耐基这边。

人的需要是各不相同的,每个人都是有各自的嗜好偏爱,只要你认真探索对方的真正意向是什么,特别是与你的计划有关的,你就可以依照他的偏好去应对他。你首先应当将自己的计划去适应别人的需要,然后你的计划才有实现的可能。

生活中有时会发生这种情形:对方或许完全错了,但他仍不以为然。在这种情况下,不要指责他人,因为这是愚人的做法。你应该了解他,而只有聪明、宽容、特殊的人才会这样去做。

对方为什么会有那样的思想和行为,其中自有一定的原因,探寻出其中隐藏的原因来,你便会得到了解他人行为或人格的钥匙。

而要找到这种钥匙,就必须切实地将自己放在对方的地位上。

《阿信的故事》是一部曾对日本一代年轻人产生过深远影响的电视剧,阿信是这部连续剧的女主角。

里面有这样的一个情节:阿信好不容易令理发店老板同意把她留下来工作,她觉得应该勤快点,主动找事做。于是,她赶在大家起来之前,就把地擦了,把所有的理发器具也擦得一尘不染。

阿信没想到的是,自己的勤奋却引起了别人的不痛快,原先负责搞清洁的女孩表现得很不高兴,老跟阿信过不去,幸好后来有了个机会,才使两人消除了误会。阿信这才意识到自己无意中把别人的工作抢了。

聪明的阿信很快为自己找到了另一份没人干的事:为等候的客人倒水,给离去的客户擦鞋。从而给自己开拓了一个新的领域,赢得了老板的赏识、同事的欢心和客人的赞赏。

159

　　有位作家讲："肯替别人想,是第一等学问。""上半夜想自己的立场,下半夜想别人的立场"。假如你对自己说:"如果我处在他当时的困境中,我将有何感受、有何反应?"这样,你就可省去许多烦恼,也可以增加许多处理人际关系的策略。

尊重别人——就是尊重自己

在物理上,力与力的关系是作用力与反作用力的关系。若用到人际关系中，就是你给别人付出多少，你也就能收获多少人情。事实上就是这样,当你对别人的尊重多一分时,别人对你的尊重也在增长。下面的小故事也许可以说明这个原理:

小张和一位同事小范去曼哈顿出差,在正要吃早饭时,小范出去买份报纸。过了5分钟,小范空手回来了,他摇摇脑袋,含糊不清地小声骂街。

"怎么啦?"小张问。

小范答道:"我走到对面那个报亭,拿了一份报纸,递给那家伙一张10美元的票子。他不是找钱,而是从我腋下抽走了报纸。我正在纳闷,他开始教训我了,说他的生意绝不是在这个高峰时间给人换零钱的。"

同事们边吃饭边讨论这一插曲,同事们都认为这里的人傲慢无理,都是"品质恶劣的家伙"。饭后,小张决定去试一试,让小范在饭店门口看着他,小张横过马路去。

当报亭主人转向小张时，他和顺地说："先生，对不起，我不知道你能不能帮个忙。我是个外地人，需要一份《纽约时报》。可是我只有一张10美元的票子，我该怎么办？"他毫不犹豫地把一份报纸递给小张道："嗨，拿去吧，找开钱再来！"

小张兴高采烈拿了"胜利品"凯旋而归。同伴摇摇脑袋，随后小范把这件事称为"54街上的奇迹"。小张顺口说道："我们这次出差又多得一份收获，一切在于方法。"

事实正是这样，尊重他人是交往的"心机"和策略，这样你会和陌生人之间保持一种融洽的关系。在这种情况下，就能建立起公平和信任，并能互相交换实情、态度、感情和需要。有了这种自由的相互影响和共同分担后，就可以找到创造性的解决办法，从而使双方都成为胜利者。

另一个故事发生在20世纪40年代中期，已故的休斯制作了一部电影《被剥夺权利者》。电影主演是珍·拉塞尔，一位漂亮的浅黑色女郎，她出色的表演给人留下很深的印象。这个电影可能已经被人忘记了，但是电影的广告牌也许还记得：拉塞尔仰卧在空中的一堆干草上。

那时候休斯迷上了拉塞尔，以致跟她签订了一个一年一百万美元的雇用合同。

12个月之后，她合理合法地说："我想要我合同上规定的钱。"

休斯声明他现在没有现金，但有许多不动产。女明星的立场是她不听这些辩辞，她只要她的钱。休斯继续向她说明他现在现金周转不灵，要她等一等。而拉塞尔却一直指出合同的法律性，

打开你心中的窗

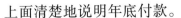

上面清楚地说明年底付款。

双方的争执看来是没法和解了，他们以竞争性的敌对面目出现，于是都通过自己的律师在交涉，原先的亲密关系变成了胜败的斗争关系。外界谣传说，只有通过法律程序来解决了。如将这一冲突诉诸法律的话，谁将获胜，也许律师是唯一的胜利者。

这一冲突后来是怎样解决的呢?事实上，拉塞尔很聪明地对休斯说:"啊，你我是不同的人,有不同的奋斗目标,让我们看看我们能不能在互相信任的气氛下分享信息、感觉和需要呢?"他们正是这样做了,于是以合作者出现,结果使他们之间的纠纷得到了创造性的解决,满足了双方的需要。

最后把原来的合同改为每年付5万,分20年付清,合同上的金额不变,但时间变了。结果休斯解决了资金周转困难,并获得本金的利息。另一方面,拉塞尔的所得税逐年分期交纳,并且会有所降低,有了20年的年金收入,她就不必为每日的财务问题操心了。

两个人的相互尊重使双方既保住了面子,又取得了胜利。就个人的不同需要而论,拉塞尔和休斯都是胜利者。他们都明白打官司解决不了任何问题,反而会损失更多,两个人都是聪明的,采取了和平的方式才使双方都取得了胜利。

在人际交往中,尊重对方就能够得到对方的尊重,这也是一种给人以尊严的心理,只有懂得了这一原则,就会处理好你身边的人际关系。

抵御忧虑——避免偏听偏信，引起误会

人们在交往的过程中大都免不了忧虑和猜疑。忧虑和猜疑是一种非常复杂的精神现象，一般来说，猜疑分两类：

第一类是指人们在思考时由于缺乏证据而引起的心理摆动。比如当某同事告诉你，一位好朋友曾在领导面前讲过你的坏话时，也许你第一个反应，不是听信同事的话，而是疑心这位同事是否在有意挑拨你与朋友的关系。因为在你所掌握的信息中，朋友对你的真诚和坦率多于那位同事。这种猜疑一般是比较理性的，从某种意义上说有助于你做出正确的判断，在人际交往中有时是必要的。

第二类是由于对自己缺乏信心，与他人产生误会或听信流言等原因产生的变态心理和反常思维。当猜疑的思维信号主宰了大脑皮层之后，其他外界信息就很难再引起强烈兴奋，相反倒会纳入错觉的思维轨道，以至越看越像，越看越逼真。比如有位同事好心劝你注意工作场地的卫生，可是你却猜疑别人故意向你寻事。又比如当你看到别人背着你谈话，便总以为他们在议论你，甚至觉得别人说话时的口形、眼神、动作等都是冲着你来的。这种猜疑很容易造成你与周围人的对立情绪，引导你对人做出一些错误的判断，这样的猜疑是必须克服的。

古时候，残忍的将军在折磨他们的俘虏时，常常把俘虏的手脚绑起来，放在一个不断往下滴水的袋子下面……水滴着……滴着……夜以继日，最后，这些不停地滴落在头上的水，变得好像是用槌子敲击的声音，最终使那些战俘精神失常。这种折磨人的方法，以前的西班牙宗教法庭，希特勒手下的德国集中营都曾经使用过。忧虑就像不停往下滴的水，而那不停地往下滴的忧虑，通常会使人神智丧失而自杀。

面对忧虑你必须保持冷静，切忌感情用事。当你的思维中第一次出现忧虑的信号后，需首先判断你对某事的忧虑是否具备充足的证据。比如你在猜疑别人是否议论你时，应首先回忆，在最近的一段时间中自己是否引起过什么事端，在参加谈话的人中是否有人在近期与你发生过争执等。如果疑点很多，证据确凿，你应设法找到其中的一两个人核实情况，坦率交换意见。如果证据模糊不清，主观推测、演绎过多，甚至带有很强的幻想色彩，你就该尽快结束自己的猜疑。当你通过几次验证后发现，自己的每一次猜疑都不是事实真相时，你就有可能从猜疑别人转化为猜疑自己，也就是猜疑自己的判断是否正确。虽然此时你仍处于忧虑之中，但这种猜疑却在帮助你从病态的猜疑中走出来。

当然，克服病态忧虑的最好办法不是在反常思维发生后消除它，而是在发生前防止它，使猜疑信号刚刚出现后很快能用理智抑制它，阻止它向前发展。要做到这一点，必须学会知人、知己,对自己和周围人的性格特征、处世方法等在短时间内做出大体准确的判断。当你知道某人为人正直、诚恳,很少说别人坏话后,就不会怀疑他在背后议论你了。当你能正确估计出自己在周围社会关系中的地位,以及留给别人的印象后,就不会随便猜疑别人是否跟自己过不去了。

此外,还要注意尽量不听流言,对小道消息或通过不正当渠道传来的、似是而非的事,只能抱着参考的态度听,不能以此作为你的判断依据。在了解某件事时,也最好多听取各方面的情况,全面分析,避免偏听偏信,引起误会。

第七章　拓展人脉是财富

开拓人脉资源

弗拉基生长在美国宾夕法尼亚州的农村,父亲是钢铁工人,母亲是清洁工。他依靠个人努力,特别是在交际方面的超人才能,获得奖学金进入耶鲁大学,并获得哈佛大学工商管理硕士学位。

毕业后,弗拉基进入著名的底特律咨询公司,很快做到了合伙人的位置,并成立了自己的咨询公司,成了业界白手起家的典型。

不到40岁,弗拉基已经建立起一张庞大的关系网,其中既有华盛顿的权力核心,又有好莱坞的大牌明星,他自己则成为"美国40岁以下的名人"和"达沃斯全球明日之星"。

"记得刚进哈佛商学院的时候,我诚惶诚恐,实在不敢相信一个穷小子能跻身全美最高商业学府。一年之后,一个念头浮上心头:我身边这些家伙都是凭什么本事进来的?"弗拉基发现,善于同陌生人接触是成功人士区别于他人的重要标志,成功者善于主动与别人接触,建立起庞大有效的联系网络,并利用关系网开展工作,最终促进各方共赢。

当今社会,是信息爆炸的时代,谁获取信息快,谁就最先成功,而信息的获得主要是靠你的关系网。现实中,缺什么都可以,唯独不能缺少人际关系,因为良好的人际关系是通向财富大门的关键所在。

于是,弗拉基在《决不单独用餐》一书,总结出人际交往需遵循的原则:

1.不要总想着怎么实现自己的目的。

交朋友的关键在于真诚和慷慨,一些为了拉关系而钻营的做法是一种短视的行为,表面热情握手但却内心冷漠,这样的人交不到真正的朋友。

2.始终积极与外界保持联系。

要始终关注周围的人,通过身边小事发出积极的信号,让别人感到你一直在关心他们,而不要等到需要帮忙时才临时出手。

3.决不单独用餐。

不管你是在公司工作,还是参与社区活动,无论何时何地,你都必须马上融入这个圈子,成为集体的一部分。要是自己单独用餐不搭理别人,那只能说明自身与他人和团体格格不入,这种孤立所带来的后果很可怕。

4.不要害怕暴露弱点。

与人积极接触,坦诚相待,难免会暴露自身的弱点。有人害怕这一点,过于矜持和保守,从而丧失了与他人建立密切关系的机会,也同时丧失了无限广阔的发展空间。

许多成功人士的事例告诉我们,财富是通过丰富的人际关系而来的。所以,建立你的关系网是很重要的。在我们身边也有许多类似弗拉基的例子,只是有时自己"看"不到罢了。那么从现在起,你也可以借用一下,其中的奥秘自己会慢慢感知。

很多人把社交场当成自己一生事业的发祥地,这是有一定道理的,也是与时俱进的一条好思路。一个擅长社交的人,两星期内交到的朋友会比别人两年中交到的还要多。这除了要求心中有正确的交友准则外,还要求你要做个有心人,与别人建立良好的关系,抓住一切时机,甚至连就餐的短短时间都不放过。

朋友是人生最大的财富

唐玄宗李隆基在位时,有个叫张说的人,家中的门生与自己十分宠爱的婢女私通,张说想处置他,门生大叫道:"难道你就没有需要人帮助的时候吗?何必舍不得一个奴婢呢?"

张说闻言,暗自吃惊,不仅没有惩罚他,还将那婢女赐给他,将他打发走了。

很久以后,张说遭人陷害,被关入大牢,生死未卜。有天晚上,那个很久都杳无音讯的门生送来一幅夜明帘给张说,叫他送给九公主。张说依言办理,通过九公主在唐玄宗面前说情,张说才免于遭难。

从古至今,类似的例子数不胜数。民间常有"多一个仇人多一堵墙,多一个朋友多一条路"的说法,看来非常有道理。

有些人平时不善于真心结交朋友,往往在需要朋友相助的时候,一筹莫展,后悔没有几个知己。在成大事者中,"朋友价值"是非常重要的一个术语,它强调"以朋友为人生最大的财富"。对成大事者而言,朋友是成大事者的依靠。

在人际交往中,朋友是十分重要的,一个人在社会上活动,必须靠朋友帮忙。真诚的朋友,总会在精神上给你鼓励,在思路上给你以理智的指点,帮助你驱除灰暗的心态,使你及时振作起来。

在今天,朋友仍然具有相同的重要性——也许更重要,因为今天的生活压力太大了,我们更需要友谊的滋润。这里所说的并不是那种"酒肉朋友",而是忠诚、患难与共、相互扶持的朋友,这是人类关系中最佳的一种。

拥有真诚友谊的人,比百万富翁或亿万富翁更富有。这听起来有点像老生常谈,却是一个不容怀疑的真理。你可以失去金钱,当然也可以失去好朋友——好朋友也免不了一死——只要你有交友的能力,你随时都可结交新朋友。何况你只是失去一位好朋友的身体,如果你真心欣赏他,他将永远留在你心中。

美国著名演员及幽默家罗吉斯曾经说过:"我从未遇见我不喜欢的人。"

这种充满感情、充满真诚的说法,出自一位以纯真、和善而赢得全美国爱戴的人的口中,着实令人感动。下面是他结交朋友、获得友谊的一些规则和方法,可能会对你有所启迪。

1.结交朋友的方法。

结交朋友是一门艺术,它需要良好的交友方法:

一是对他人感兴趣。维也纳著名心理学家亚佛·亚德勒写过一本书,叫做《人生对你的意义》。在这本书中,他说:"不对别人感兴趣的人,别人也不会对他感兴趣。所有人类的失败,都出自于这种人。"所以,要想交到真正的朋友,首先要对结交的人感兴趣。

二是对别人表现出真诚的关切。要表示你的关切,这种关切必须是发自内心的,必须是诚挚的,这样的关切会让当事人双方都受益。这是结交朋友的真谛!

2.结交朋友的五项规则。

真心朋友是最大的财富,我们在结交朋友时,应当遵循以下五项规则,这样你就可以结交到真正的朋友。

一是做你自己的朋友。

如果你无法成为自己的朋友,那你就不可能成为别人的朋友。如果你看不起自己,也将无法尊敬别人,而且将对别人充满嫉妒。其他人也将察觉到你的友谊并不纯净,因此将不会回报你的友谊。他们可能会同情你,但怜悯并不是友谊坚强的基础。

二是主动接近别人。

当你与某个相识的人在一起时,如果你觉得自己有意谈话,不妨尽量表达你的意思,只要不失态,大可放言高论。如果你说了一个笑话,不要认为自己傻;如果你感到紧张,并希望别人能够喜欢你,也不要觉得自己不够稳重。努力去找寻具有积极个性与美德的人,把他们找出来,并主动去接近他。

三是把你想象成别人。

这种想象将会帮助你。如果你能以对方的立场来想象对方的心情,并且尽量客观,那么你将可以感受到他的需求,并且尽可能在你的能力范围以及你们的关系程度之内满足这些需求,你也能够更深入了解他的反应。如果他在某些方面很敏感,你可以避免令他感到难堪或不安。当你觉得有意表现自己的宽大时,你可以建立起他自己的自我形象。如果他是一个值得结交的朋友,他将会对你的仁慈十分感激,而且也将回报你——以他自己的方法回报你。

四是接受他人的独特个性。

人人都有其特点,尤其是坦诚相处时,更能表现出这种特点。不要试图去改变这个事实。他是他,你是你,你接受他的本来面目,他也会尊重你的本来面目。想要强迫别人接受你自己先入为主的观念,这是十分严重的错误。如果你采取这种霸道的做法,你将会得到一位敌人,而不是一位朋友。

五是尽力满足他人的需求。

当今社会竞争激励,人们往往只想到自己的需要,而很少想到别人。尽力摆脱这种情况,并且多多替别人着想,那么你将成为一个受人珍重的朋友。许多人喜欢向别人"训话",他们发表"演说",别人只能洗耳恭听。千万不可如此对待朋友,你要和他"交谈"。

这是一些如何交朋友的最聪明的忠告,如果你能有效地应用这几项原则,你将获得令你感到震惊的丰富的友谊。

为自己找一个朋友,生命会多一份精彩,忠诚的朋友是可靠的避难所,谁找到这样的朋友,谁就发现了一座宝藏。

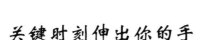
关键时刻伸出你的手

第七章　拓展人脉是财富

人的一生不可能一帆风顺，难免会碰到失利受挫或面临困境的情况，这时候最重要的就是别人的帮助，这种雪中送炭般的帮助会让他人记忆一生。

世上有两种帮助，一种是随便帮帮，一种是一帮到底。前一种帮助也是帮助，也能够给人带来好处，但它不算真正的帮助，因为这种随便的帮助总是在关键的时候就不管用了。后一种帮助才是真正的帮助，是帮他人彻底解决实际困难的帮助。我们常用"两肋插刀"来形容朋友之间很深的情义，当朋友有难时，我们能够不顾一切地去帮助他，这才是真正的帮助。

古代有一个人叫荀巨伯，有一次去探望朋友，正逢朋友卧病在床。这时恰好敌军攻破城池，烧杀掳掠，百姓纷纷携妻挈子，四散逃难。朋友劝荀巨伯："我病得很重，走不动，活不了几天了，你自己赶快逃命去吧！"荀巨伯却不肯走，他说："你把我看成什么人了，我远道赶来，就是为了来看你。现在，敌军进城，你又病着，我怎么能扔下你不管呢？"说着便转身给朋友熬药去了。朋友百

175

般苦求,叫他快走,荀巨伯却为他端药倒水,安慰他:"你就安心养病吧,不要管我,天塌下来我替你顶着!"

这时"砰"的一声,门被踢开了,几个凶神恶煞般的士兵冲进来,冲着他喝道:"你是什么人?如此大胆,全城人都跑光了,你为什么不跑?"

荀巨伯指着躺在床上的朋友说:"我的朋友病得很重,我不能丢下他独自逃命。"并正气凛然地说:"请你们别惊吓了我的朋友,有事找我好了。即使要我替朋友死,我也绝不皱眉头!"

敌军听着荀巨伯的慷慨言语,看看荀巨伯的无畏态度,很是感动,说:"想不到这里的人如此高尚,怎么好意思侵害他们呢?走吧!"说着,敌军撤走了。

在当别人有困难的时候,伸出援助之手,要有与他人同甘共苦,心里装着他人冷暖的情感,富有同情心和怜悯心,做扶危解困的"及时雨"。

在关键时刻帮人一把,别人也会在重要时候助你一臂。要想让别人将来帮助你,你就必须先付出精力去关心别人、感动别人,这样才能赢得别人回报的资本。因此,高明的为人技巧就是急人之难,解人于倒悬之中。

一天,一个贫穷的小男孩为了攒够学费正挨家挨户地推销商品,劳累了一整天的他此时感到十分饥饿,但摸遍全身,却只有一角钱。怎么办呢?他决定向下一户人家讨口饭吃。当一位美丽的年轻女子打开房门的时候,这个小男孩却有点不知所措了,他没有要饭,只乞求给他一口水喝。这位女子看到他很饥饿的样子,就拿了一大杯牛奶给他。男孩慢慢地喝完牛奶,问道:"我应该付多少钱?"年轻女子回答道:"一分钱也不用付。妈妈教导我们,施以爱心,不图回报。"男孩说:"那么,就请接受我由衷的感谢吧!"说完男孩离开了这户人家。此时,他不仅感到自己浑身是劲儿,而且还看到上帝正朝他点头微笑,那种男子汉的豪气像山洪一样迸发。其实,男孩本来是打算退学的。

数年之后,那位年轻女子得了一种罕见的重病,当地的医生对此束手无策。最后,她被转到大城市医治,由专家会诊治疗。当年的那个小男孩如今已是大名鼎鼎的霍华德·凯利医生了,他也参与了医治方案的制订。凯利医生一眼就认出床上躺着的病人就是那位曾帮助过他的恩人。回到自己的办公室,他决心一定要竭尽所能来治好恩人的病。从那天起,他就特别地关照这个病人。

经过艰辛努力,手术成功了。凯利医生要求把医药费通知单送到他那里,在通知单的旁边,他签了字。当医药费通知单送到这位特殊的病人手中时,她不敢看,因为她确信,治病的费用将会花去她的全部家当。最后,她还是鼓起勇气,翻开了医药费通知单,旁边的那行小字引起了她的注意,她不禁轻声读了出来:"医药费——一满杯牛奶。"

古人云:"将欲取之,必先予之。"这句话道出了人生的真谛。你要想"成",就要先用"功";你要想摘取树上的果实,就必须先要给树浇水、施肥;你若想在工作上干出成绩,就必须先要付出心血和汗水;你要想得到别人的帮助,就必须先要去帮助别人;你要想得到别人的爱,就必须先要爱别人。

德皇威廉一世在第一次世界大战结束时,可算得上全世界最可怜的一个人,可谓众叛亲离。他只好逃到荷兰去保命,许多

第七章 拓展人脉是财富

人对他恨之入骨。可是在这时候,有个小男孩写了一封简短但流露真情的信,表达他对德皇的敬仰。这个小男孩在信中说,不管别人怎么想,他将永远尊敬他为皇帝。德皇深深地为这封信所感动,于是邀请他到皇宫来。这个男孩接受了邀请,由他母亲带着一同前往,他的母亲后来嫁给了德皇。

所谓患难,主要是指个人遇到的困难,遭到的不幸。摆脱困难,战胜不幸,不能完全依赖组织,要靠我们自己的力量,要借助友谊的力量。

人与人之间的交往是一种平等互惠的关系,也就是说,你对别人怎么样,别人就会怎样对你。正所谓"投之以桃,报之以李"。一个人只有大方而热情地帮助和关怀他人,他人才会给你以帮助。所以你要想得到别人的帮助,你自己首先必须帮助别人。

当朋友遇到了困难的时候,应该伸出友谊的双手;当朋友生活上艰窘困顿时,要尽自己的能力,解囊相助。对身处困难之中的朋友来说,实际的帮助比甜言蜜语强一百倍,只有设身处地地急朋友所急,帮朋友所需,才能体现出友谊的可贵。

伸出你的手,更重要的是在关键时刻。在别人最需要帮助的时候拉人一把,这样在你最需要的时候也会得到对方的帮助!

得饶人处且饶人

　　宽恕,是一种高尚的美德。"相逢一笑泯恩仇"是宽恕的最高境界。事实上这一美德做到的人并不多,即便如此,我们也不应放弃这种追求, 因为舍去对别人过失的怨恨, 以宽容的心态对人,以宽容的胸怀回报社会,是一种利人利己,有益社会的良性循环。屠格涅夫说过:"生活中,不会宽容别人的人,是不配收到别人的宽容的。"所以,当你宽容了别人,在自己有过失或错误的时候也往往能够得到他人的宽恕。

　　有一个女子在行路中吐口痰,因风的作用而把痰刮到一个小伙子的裤子上,该女子看到后慌忙道歉,并从包里掏出面巾纸要擦去小伙子裤上的痰,但小伙子恼怒得不肯让她擦去痰,并声言:"你给我舔去!"女子再三赔礼:"对不起!对不起!让我给你擦去好吗?"但小伙子执意不让擦,就是让她给舔去,这样争执下去,街上围来越来越多看热闹的人,有的跟着起哄打哨闹着、笑着,无论女子怎么说"对不起",也无法使小伙子原谅她,非让她舔去不可。最后惹得女子大怒,从包里掏出一沓钱来,大约有一两千元,当场喊道:"大家听着,谁能把这个家伙当场摆平了,这些钱就归谁!"话音刚落,人群中闪出两个健壮的男人,对着那不依不饶的小伙子就是一阵拳脚,刚刚还非常神气的小伙子被踢翻在地不知东南西北,等他站起来再找那女子时,那女子早已扬长而去。

得饶人处且饶人,凡事都要留点余地,不可过分,宽恕毕竟是人生最大的美德。学会宽恕别人,就是学会善待自己。仇恨只能永远让我们的心灵生活在黑暗之中,而宽恕,却能让我们的心灵获得自由,获得解放。宽恕别人,可以让生活更轻松愉快;宽恕别人,可以让我们有更多的朋友。

做了对不住人的事,心里有愧疚,能向人家赔礼道歉,人家气不顺说几句,这是理所当然的。反过来,有人做了对不起你的事,人家赔礼道歉了,只要无大碍,就不要得理不饶人,非掰扯不可,甚至故意报复。真要是那样,反而没了理。

待人宽厚是一种美德。事情本来不大,就要得饶人处且饶人,而且要做到得理也要让三分。中国传统美德讲恕道,讲究"推己及人","己所不欲,勿施于人",能原谅人也是一种美德。

有一次,眼见一位老大爷骑车被从路旁小胡同中冲出来的一个骑车女孩子撞倒了。那个女孩子对着倒在马路上的老人大声埋怨:"你骑车也不瞅着点儿!"路旁行人看不惯,纷纷指责那女孩子:"别说是你把老大爷撞倒了,就是你没责任,也该先扶起老大爷看撞着哪儿了吧?"说得那女孩子不得不过去扶起老大爷,小声说:"对不起。"那老人站起身,活动活动,说:"疼点没事儿,你下回可得小心了!你要没撞着哪儿就快走吧!"看看,和气多好。

俗话说,人无完人,每个人都难免会偶有过失,因此每个人都有需要别人原谅的时候。但奇怪的是,每个人对自己的过错往往不如他人看得那样严重。大概是因为我们对自己犯错的背景了解得很清楚,对于是自己的过错就比较容易原谅,我们应该"以恕己之心恕人",对于别人所犯的错误更应给予体谅。

人要能站到高处,往开处想,便能理解别人,宽恕别人。看着像是"窝囊",其实那是人格的完美高尚!带来的那种崇高美感,是一种千金难买的精神享受。

一头大象,在森林里行走,不小心踏坏了老鼠的家。大象很惭愧地向老鼠道歉,可是,老鼠却对此耿耿于怀,不肯原谅大象。

一天,老鼠看见大象躺在地上睡觉,心想:机会来了,我要报复大象,至少我可以咬一口这个庞然大物。

但是,大象的皮特别厚,老鼠根本咬不动。这时,老鼠围着大象转了几圈,发现大象的鼻子是个进攻点。

老鼠钻进大象的鼻子里,狠劲地咬了一口大象的鼻腔粘膜。

大象感觉鼻子里一阵刺激,它猛烈地打了一个喷嚏,将老鼠射出好远,老鼠被摔个半死。

半天,老鼠才从地上爬起来,它忍着浑身剧烈的伤痛,对前来探望它的同类们说:"你们一定要记住我的惨痛教训,得饶人处且饶人!"

人非圣贤,孰能无过。犯了错误倘若不给他改过自新的机会,就会激化矛盾,造成不良后果。宽以待人是门艺术,掌握了这门艺术,你也许会取得意想不到的收获。面对别人的错误,有时宽容比惩罚更有力量。

古时,有一人因筑墙和邻居发生纠纷,于是给朝中做大官的哥哥写信,希望其兄用权势摆平这事。其兄见信后给弟弟回书曰:"千里寄书为一墙,让他三尺又何妨?万里长城今犹在,不见当年秦始皇。"其弟见信后,幡然醒悟,主动礼让对方三尺,对方也礼尚往来让出三尺地方,两家从此和睦相处。这就是流传至今的六尺巷的故事,也是古代礼让三分、睦邻友好的典范。

宽容,能让自己紧张的心情放松。生气,是拿别人的错误惩罚自己,而宽容则是自我解放的一种方式。如果一个人始终生活在埋怨、责怪、愤怒当中,那么他不仅得不到本应属于他的快乐、幸福,甚至会让自己变得冷漠、无情和残酷,后果是很可怕的。

曾经有位留美归国的硕士应聘到一家贸易公司上班,他不但学历高,且口才极佳,业务能力也强,因此在会议中屡展头角。可每当他听到其他同事提出一些较不成熟的企划案,或是某些时候得罪到他时,他却总会毫不客气地破口大骂。在他的观念里,这样并无不妥。因为这一切都是"师出有名",如果不是别人有误在先,也轮不到自己开炮。

然而,他的态度却让自己在同事间成了只孤鸟。没过多久,他就选择离开了公司。当然,并不是因为他的能力欠佳,而是迫于人际的压力。一直到他离职前,他还不断地问自己:"难道我的观点错了吗?难道我发的脾气是没有道理的吗?"

有一句名言:"人不讲理,是一个缺点;人硬讲理,是一个盲点。"在日常生活当中,给对方一个台阶下,少讲两句,得理饶人。否则,不但消减不了眼前这个"敌人",还会让身边更多的朋友因此胆怯,疏远你。留一点余地给那些得罪了我们的人,是我们该

学习的美德,该培养的"习惯"。

历史上还有一个这样的故事:汉代公孙弘年轻时家贫,后来成为丞相,但生活依然十分俭朴,吃的饭只有一个荤菜,睡觉盖的仍是普通棉被。大臣汲黯因为他这样,就向汉武帝参了一本,批评公孙弘位列三公,有相当可观的俸禄,却只盖普通棉被,实质上是装模作样、沽名钓誉,目的就是为了骗取俭朴清廉的美名。

汉武帝便问公孙弘:"汲黯所说的都是真的吗?"公孙弘回答道:"汲黯说得一点没错。满朝大臣中,他与我交情最好,也最了解我。今天他当着众人的面指责我,正是切中了我的要害。我位列三公而只盖棉被,生活水准和普通百姓一样,确实是故意装得清廉以沽名钓誉。如果不是汲黯忠心耿耿,陛下怎么会听到对我的这种批评呢?"汉武帝听了公孙弘的这一番话,反倒觉得他为人谦让,就更加尊重他了。

公孙弘面对汲黯的指责和汉武帝的询问,一句也不辩解,还全部都承认,这是一种智慧。汲黯指责他"使诈以沽名钓誉",无论他如何辩解,旁观者都已先入为主地认为他也许是在继续"使诈"。正因为公孙弘深知这个指责的分量,所以他才采取了十分高明的一招,就是不作任何辩解,承认自己沽名钓誉。其实,这是表明自己至少"现在没有使诈"。由于"现在没有使诈"被指责者及旁观者都认可了,也就减轻了罪名的分量。公孙弘的高明之处,还在于对指责自己的人大加赞扬,认为他是"忠心耿耿"。这样一来,便给皇帝及同僚们这样的印象:公孙弘确实是"宰相肚里能撑船"。既然众人有了这样的心态,那么公孙弘就用不着去辩解是不是沽名钓誉了，因为自己的行为不是什么政治野心，对皇帝构不成威胁，对同僚构也不成伤害，只是个人对清名的一种癖好，无伤大雅。

当对方无理，自知吃亏时，你的"理"明显占过对方，不妨给他留一点余地，他就会心存感激，来日也许还会报答你。就算不会图报于你，也不太可能再度与你为敌。

多一些宽容，人们的生命就会多一份空间；多一份爱心，人们的生活就会多一份温暖。当你用宽容换来自己内心的豁达，用宽恕换来敌人的微笑，你难道不是把最好的留给自己了吗？

微笑是建立人脉的良方

有人说:"微笑是一句世界语。"的确,现实生活中,微笑最容易被人理解和接受。不论一个人地位高低,不管是富翁还是穷人,只要用微笑去面对人生,生活便会充满快乐和温馨。微笑是世界上最好的礼物,所以把微笑挂在脸上,也是提高人气指数的一种方法。

微笑是上帝赐给人类的最贵重的礼物,这源于微笑对每一个人的重要性。无论在生活还是在工作中,微笑都闪耀着迷人的魅力,推动你更好地生活和做事。

在与人初次打交道的时候,由于双方不熟悉,对方必然会对你产生戒备心理,有意识地提防着你,紧闭自己的心灵之门。这就不利于你的交际,有时甚至连很容易达成共识的问题也会搞得意见分歧。如果你见面时主动向对方微笑,对方就会自然地把心灵之门打开,同你畅谈,即使有什么不同意见,也会求同存异,进而取得一个双方满意的结果。有的时候,我们会为了坚持己见而彼此争吵起来,甚至到了剑拔弩张的地步。这时,如果有一方主动冲对方微笑,对方的火气通常很快就被化解掉了,甚至也会不好意思地微笑起来,这样两个人就能坐下来心平气和地探讨。

当你向一个人微笑时,就是在表明你的态度,你对他的欢迎、喜爱和热情。学会微笑,你会别具魅力。

一个经常把微笑挂在脸上的人,会给人留下充满自信的印象。自信的人会经常情不自禁地微笑。自信是克服困难、做好事情的前提。如果你养成了时常微笑的习惯,就会惊奇地发现,自己不再懦弱。即使遇到困难,自信心也会驱使着你积极主动地克服困难,从而把事情做好。

微笑往往源于内心的快乐,如果你经常微笑,就会成为一个快乐的人。快乐是一种积极的生活态度,也是工作的最高境界。快乐的人,心情会保持轻松,会持久地热爱生活,热爱工作,热爱他人。这既有利于身体的健康,又能提高工作效率和工作状况,从而做出更加优异的成绩。

卡耐基曾鼓励学员们花一个星期的时间,每天24小时都对别人微笑,然后回到班上来,谈谈所得到的结果。下面是学员史坦哈的心得:"我已经结婚10年了,在这期间,从早上起来到我上班的时候,我很少对我太太笑。现在,当我坐下来吃早餐的时候,我以'早安,亲爱的'跟我太太打招呼,同时对她微笑,她被搞糊涂了,惊讶不已,我笑着对她说,今后要把我这种态度看成通常的事情,她高兴得像个小姑娘。连续一个星期下来,我觉得我们家的幸福比以前10年的还多。"

"现在,我会对办公大楼的电梯管理员微笑着说一声'早安',我会微笑着同大楼门口的警卫打招呼,我会对地铁站的出纳员微笑，我会对那些来公司办事的不认识的客户微笑。"

"他们都冲着我微笑，还说我变成了一个快乐的人。就这样，我养成了微笑的习惯，而且，我还发现自己经常去想一些愉快的事情，而不再像过去那样经常陷在烦闷的情绪当中解脱不出来。一想到那些愉快的事情，我就会情不自禁地微笑起来。"

微笑能消除仇恨，化解矛盾，微笑能拉近彼此之间的距离，使陌生变成熟悉，使人与人的感情进一步加深。微笑是把万能钥匙，它能帮你打开任何一扇友好善良的门。

NBA历史上最优秀的后卫托马斯有个雅号——微笑刺客。之所以会有这样一个雅号，就是因为托尔斯在球场上，总是把微笑挂在脸上，不管竞争多么激烈，笑容一刻也不会离开他。微笑不但给了他好心情，还提高了他的球技水平。当他微笑着运球突破时，防守队员往往也受到他笑容的感染而放松警惕；当他投篮时，对方球员也会被他的笑容所迷惑而使他钻了空子，投篮命中。他很少会受到对方球员们的冲撞和犯规，试想谁会"欺负"一个笑容满面的人呢？同样的，当他冒犯了别人时，对方也很少会不依不饶，他的笑容很快就会平息对方的怒气。总之，他用笑容征服了一切。

微笑不仅有利于人际关系的发展，还有利于身心健康。微笑是对抗忧虑的王牌，是化解烦恼的良药。如果你每天都能笑对自己、笑对人生，那么你的态度将更加积极。

工作时,少说多做

常言道:"良言一句三冬暖,恶语伤人六月寒。"人言可畏,有时舌头底下可以压死人。职场上,我们每天和同事、领导之间难免有话要说。说什么,怎么说,什么话能说,什么话不能说,都应"讲究"。可以说,在职场上,"说话"也是一门艺术。很多时候,有些人吃亏就是因为没能管住自己的嘴巴。

上班时间要杜绝闲聊。聊天是办公中最浪费时间的行为,它让我们觉得时间过得飞快,不知不觉把本应工作的时间浪费掉。至于那些喜欢在聊天中夹杂一些同事或者领导私生活内容的聊天,无论出于何种动机,在背后说人闲话总是一种不道德的行为,对人际关系也会造成不良的影响。

一些很无聊的人,常常利用上班时间讲一些无聊的笑话,或者说一些与工作无关的事,自以为是办公室里的"开心果儿"。其实不然,那样不但会影响自身工作的注意力,降低工作效率,还会干扰同事办公影响他人的效率,让那些不喜欢这种行为的人很容易产生一种莫名的厌恶感。

小梅在毕业前一直是个"说话口无遮拦的家伙",每次逮着机会嘴就停不下来,一直说个没完。在同学眼里,她的刀子嘴是出了名的,而她的"损功"也是一流的。

小梅说刚毕业那会儿,自己一直在换工作,无论在哪儿,和同事相处得都不好。她说自己在尽力改变,但因为话多,仍会经常得罪一些人,虽然自己是无心的,也正是因为这个原因,自己失去了几份工作。为了不再丢掉工作,她不敢再随便说话。除非必要情况,她甚至可以一整天不说话。她心里很憋闷,工作一段时间后,心理压力特别大,有时候躺在床上她都担心,自己这样会不会有一天突然疯掉?

有时候,即使自己有些意见和想法,她也藏在心里不说。在这样的状态下她一直工作了两年,可是单位的同事好像仍然和她很陌生。后来单位裁员,只裁掉了两个人,她就是其中一个。结果宣布后,她想哭,觉得自己活得非常窝囊,到底是招谁惹谁了?

那次裁员对她打击其实是很大的,也因此休息了半年多没有去找工作。在这半年多的时间里,她看了很多如何与人相处方面的书,也通过和一些朋友聊天,学到了不少东西。她感觉自己又有了活力,有了想要改变的强烈愿望,她又去谋职了。

现在,她又有了新的工作,并且已经干了两个多月。因为领导很满意她的表现,所以提前正式录用了她。

小梅的变化,其实正是职场中人际交往的一些潜规则,这些言谈举止方面的要求,常常会体现一个人意识和行为的高素质含量,语言方式、肢体动作都属于语言艺术。

所以,在工作的时候,一定要少说多做,尤其是当有比你有

能力的、经验丰富的,如果你说多了,你就可能同时做了两件伤害自己的事情:第一件是你揭露了自己的弱点和愚蠢;第二件是你失去了一个获得智慧及经验的机会。

　　说话要注意场合和时机,在什么时机和场合可以说,什么时机和场合不能说一定要分清,还要分清什么话可以说,什么话不能说。比如,在上班时间只适宜谈论一些与工作有关的话题或者是不闲谈,以免造成同事的反感。若是在午休或者其余休息时间,可以随便谈论,但是注意不要谈论别人的私人问题,以免生出不必要的事端。

打
开
你
心
中
的
窗

做一个谦虚之人

美国首次登陆月球成功,在全世界引起了轰动。人们通过电视看到到了阿姆斯特朗站在月球上，听到了他当时所说的那句话:"我个人的一小步,是全人类的一大步。"

这句话在一夜之间就成为全世界家喻户晓的名言。

其实登陆月球的有两位宇航员，除了大家所熟悉的阿姆斯特朗外,还有一位叫奥德伦。

"你不觉得很遗憾吗?"在庆祝登陆月球成功的记者会上,有一个记者这样问奥德伦,"由于阿姆斯特朗先走下飞船，结果他成为登上月球的第一个人,而你却不是。"

"各位,千万别忘了,"在全场观众的注目下,奥德伦很有风度地回答,"回到地球时,我可是最先走出太空舱的。"

他环顾四周，然后很幽默地说:"所以我也是第一个人哪,是从外星球来到地球的第一个人。"

大家都禁不住笑了起来,并给予了他最长久最热烈的掌声。

驮着财宝的骡子因为感到自己驮的东西价值不菲，所以昂首阔步,把系在脖子上的铃铛摆得悦耳动听,而它驮着粮食的同伴则不声不响地跟在它后边。

突然,一伙强盗窜出来,扑向骡队。强盗与赶骡人拼杀时,用刀刺伤了驮金子的骡子,贪婪地把财宝抢劫一空,对粮食却不加理会,驮粮食的骡子因此也就安然无恙。

受了伤的骡子全无刚才的神气,大叹倒霉,对同伴说:"还是你运气好啊,虽然不神气,但总不至于挨刀子。"

生活中也总有一些人,刚被赋予一点重要的责任,就急着向别人炫耀,觉得自己与众不同、高人一头,全然没有想到会因为自己担负的责任,最终一败涂地。

谦是傲的对症良药。俗话说:"谦虚使人进步,骄傲使人落后。"做事先做人,想成大事必须首先做一个有德的人。当你在工作上有了一点成就,千万不要恃才傲物,要做到谦虚谨慎,放低自己的姿态。成就只是起点,谦虚学习别人的长处,补自己的不足之处,才能立于不败之地。

当上司对你委以重任,表面上与其他同事没有什么关系,实际上却会使他们产生挫败感——只有你一人得到肯定,其他人都是失败者。此时的你如果表现得骄傲自大、趾高气扬,会更加刺痛同事的自尊心。所以,不管你取得了怎样的成绩,得到了怎样的机会,要永远保持谦逊的美德。时刻警醒自己:"把头昂得太高,只会碰到门框上。"

在如今的世界里,人与人之间应该是平等和互惠的,正所谓"投之以李,报之以桃"。那些谦逊豁达的人们总能赢得更多的朋友,天天门庭若市,日日高朋满座。相反,那些妄自尊大,高看自己,小看别人的人总会引得别人的反感,最终在交往中使自己孤立无援,别人敬而远之。

谦逊是一个人能够做大事、承担重任的基础。因为谦逊可以让人将精力集中在工作上,谦逊的人从不向别人夸耀、自我陶醉或趾高气扬。一个打扮朴素的女孩去一家酒店面试,主考官却以外表和形象不合格为由拒绝了她。女孩站起来义正词严地说:"我可以用2分钟的时间换一套衣服,用5分钟的时间化一个淡妆,但是我认为,我勤勤恳恳20年所做的努力和获得的学识是无法用外表来衡量的。"说完她向主考官深深地鞠了一躬,转身离开。第二天,大家在录用榜上看到了她的名字,但她却没有去签约。她说:"其实,我一直很抱歉我昨天的失礼。做人最宝贵的精神是谦虚,我不希望我是靠这种傲慢的争辩得到这份工作的。所以,我不能去。"

法国哲学家罗西法古说:"如果你要得到仇人,就表现得比你的朋友优越吧;如果你要得到朋友,就要让你的朋友表现得比你优越。"学会谦虚,才能永远受到欢迎。不要在别人面前大谈我们的成就和不凡,自我夸耀往往会引起竞争对手的注意,从而成为众矢之的。只有保持低调并理智地发展,才会更快更好地成长壮大。